ちくま学芸文庫

赤紙と徴兵

105歳、最後の兵事係の証言から

吉田敏浩

筑摩書房

目次

一、「兵事書類」など旧かなづかい・旧字体の文献からの引用文は、読みやすいように新かなづかい・新字体に直し、適宜、句読点とルビを付けた。

一、本文中の写真で、提供者名などがないものは筆者撮影。

赤紙と徴兵

１０５歳、最後の兵事係の証言から

第一章

密かに残した兵事書類

焼却命令に背いて

滋賀県長浜市の浅井歴史民俗資料館の一室――。事務机の上に古びた書類綴(つづり)(簿冊)の山がある。分厚いもので厚さ一〇センチほどあり、ガリ版刷りの文書がびっしりと綴じられている。旧東浅井郡大郷村(おおざと)(現長浜市)役場で兵事係をしていた西邑仁平(にしむらにへい)さんが、戦後六十年余り、自宅で密かに保管していた兵事書類である。

徴兵事務をまとめた「徴兵ニ関スル書類綴」、軍人家族・遺族への援護など幅広い兵事業務の記録である「兵事ニ関スル書類綴」、戸籍簿と「徴兵適齢届」に基づいて調査した徴兵適齢者(壮丁)の名簿「壮丁連名簿」、徴兵検査に合格した現役兵の家庭環境・経歴・病歴・性格・品行・風評などを兵事係が調べた「現役兵身上明細書」、二年間の現役を終えて除隊した予備役の軍人などの名簿「在郷軍人名簿」、在隊時の勤務状況・品行・賞罰などに関する「在隊間成績調書綴」、赤紙と呼ばれた召集令状の交付記録「動員ニ関スル書類綴」や「動員日誌」、召集令状の交付手順を記した「動員実施業務書」など、書類約一〇〇〇点。明治から昭和まで、日清戦争、日露戦争の時代から満州事変、上海事変、

大郷村の戦没者名簿を手にする西邑仁平さん

日中戦争、アジア・太平洋戦争時にかけてのものだ。

兵事係とは耳慣れない言葉だが、かつて戦前・戦中に全国の市町村役場で、徴兵検査や召集令状の交付、出征兵士の見送り、武運長久祈願祭の開催、戦地への慰問袋の取りまとめ、戦死の告知、戦死者の公葬、出征軍人家族や遺族の援護など、兵事に関する膨大な業務を担っていた。その兵事業務の書類が兵事書類である。

西邑さんは一九三〇（昭和五）年に二五歳で兵事係に任命され、兵事主任を敗戦の年まで続けた。そして、これらの兵事書類を、一九四五（昭和二〇）年八月一五日の敗戦直後の軍による焼却命令に背いて、深夜、密かにリヤカーに積んで自宅に運び、物置に隠していた。

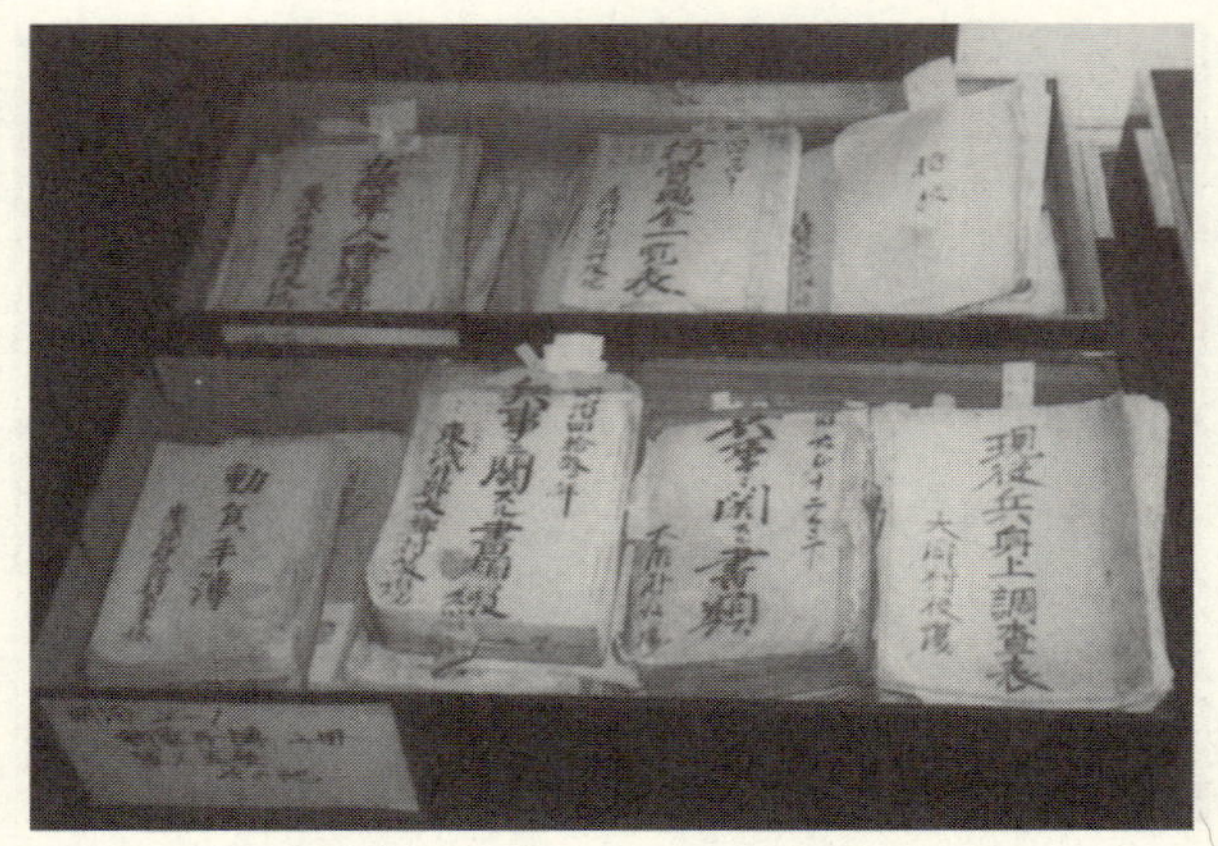

西邑さんが残した兵事書類の一部

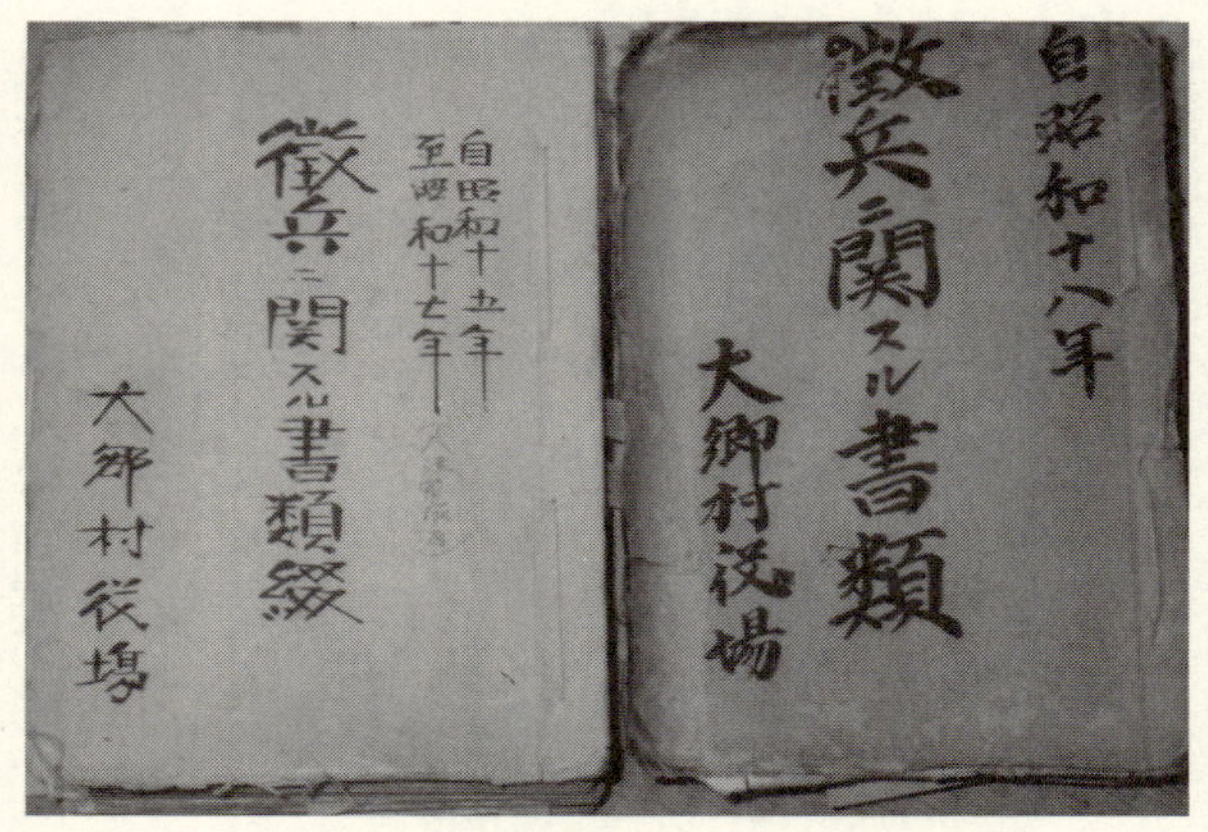

西邑さんが残した「徴兵ニ関スル書類綴」

「警察から、「軍の命令なので、召集事務の重要書類は虎姫警察署に持参し、その他は役場で二四時間以内に焼却処分せよ」との電話を受けました。言われた書類は持ってゆきましたが、焼却命令には合点がいきませんでした。村からは多くの戦没者が出ています。兵事書類は、戦死者を出した多くの家族に関わる大事な書類なんです。だから、これを処分してしまったら、戦争に征かれた人の労苦や功績が無になってしまう、遺族の方にも申し訳ない、と思ったんです」

「また、それまで軍部は、「この戦争に勝ってる、勝ってる」とばかり言っていたのに、実際は負けてしまった。国民は軍の言うことを信じていたのに、軍は嘘をついていた。そう思うと、軍部に対する反抗心のようなものが湧いてもきました。だから、そんなに簡単に燃やせるものではないんです、一枚の紙でも……。そういうわけで、あまり重要でない雑文書だけ役場の裏で焼いて、虎姫警察署には、全部焼却したと虚偽の報告をし、その夜のうちに兵事書類を役場のリヤカーに積み込んで、家に運んだんです」

二〇〇七年一〇月五日に、初めて西邑さん宅を訪ねたとき、当時一〇三歳という高齢の西邑さんは、「ベッドで横になっていることが多い」と言い、耳も遠くなっていたが、しっかりした声で語ってくれた。

ただ、焼却命令があったのが、昭和二〇年八月一五日だったのか、それから数日の間にだったのか、残念ながら正確な月日を、いまははっきりとは覚えていないという。

徴兵適齢届とは

「徴兵ニ関スル書類綴　自(より)昭和十五年　至(いたる)昭和十七年　大郷村役場」と墨で表書きされた分厚い書類綴を開いてみる。「徴兵適齢届」という文字が目に飛び込んでくる。黒く際立って印刷されたその横には、次のように、いくつもの記入欄が並んでいる。

本籍地、本人現住地、戸主トノ続柄、本人氏名、出生年月日、職業、特有ノ技能、就学程度、本村ニ於テ親戚又ハ最モ懇意ナル者一名ノ住所氏名、地租・所得税・国税営業税等一ヶ年納税金、戸主家屋所有ノ有無、家族家屋所有ノ有無、家族中ノ兵役関係者ノ氏名、本人妻子内縁ノ有無、本人賞刑罰ノ有無、本人傷痍疾病ノ有無、父母ノ年及健否家政ヲ助クルモノノ家族数（家族構成）、生活ノ状態、戸主ノ職業、宗教。

そして、「右徴兵適齢ニ達シ候(ソウロウ)ニ付(ツキ)　及(ニオヨビ)届出候也(ナリ)」、「東浅井郡大郷村長殿」とあり、年月日と戸主の氏名を書くようになっている。その署名の下には判子が押されている。

同じ書式の書類を一枚一枚繰ってみる。本人氏名の欄は一九二一（大正一〇）年生まれの男性の名前で埋まり、前年の一二月生まれがわずかに混じる。みんな独身者だ。高等小学校卒の人が大半である。職業は農業（自作や自作兼小作や小作）が多い。そのほかには鉄道駅員、鉄道機関助手、無線電信通信、呉服商店員、洋服販売店員、ビロード問屋業、ミシン仕立職、石鹸製造所事務員、自動車運転士、自動車修繕業、小学校教員、漁業、学生などである。「特有ノ技能」欄は空白のままが多いが、発動機運転、電信、自動車運転などと書かれているものもある。この若者たちは一九四一（昭和一六）年に徴兵検査を受ける適齢者だった。

一九四五（昭和二〇）年のアジア・太平洋戦争敗戦までの日本、すなわち大日本帝国では憲法に兵役の義務が定められ、徴兵制がしかれていた。大日本帝国憲法第二〇条「日本臣民ハ法律ノ定ムル所ニ従ヒ兵役ノ義務ヲ有ス」。そして兵役法の第一条には、「帝国臣民タル男子ハ本法ノ定ムル所ニ依リ兵役ニ服ス」とあった。兵役は納税と教育とともに、臣民の三大義務のひとつとされていた。

ただし、兵役は名誉ある義務とされていたため、六年以上の懲役または禁錮の刑に処せられた者は、兵役に服することを得ないと定められていた。

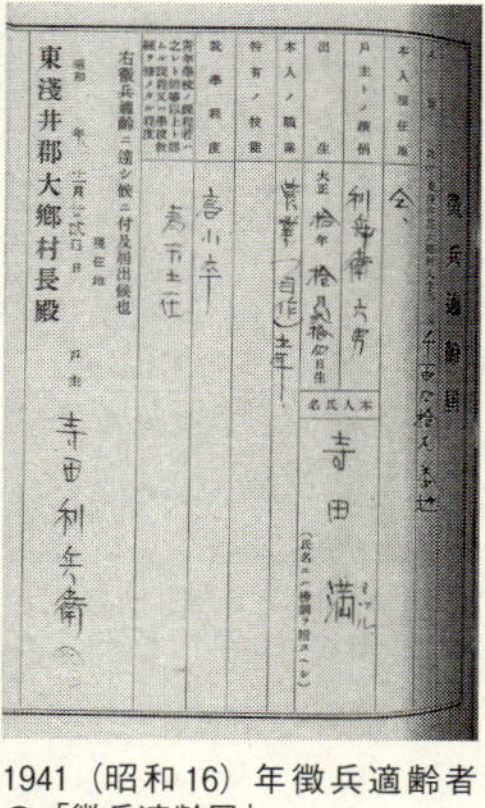
徴兵適齢届
本人氏名 寺田 満
右徴兵適齢ニ達シ候ニ付及届出候也
東浅井郡大郷村長殿

1941（昭和16）年徴兵適齢者の「徴兵適齢届」

徴兵検査の対象は前年一二月一日～当年一一月三〇日に満二〇歳になる男子で、一家の

1930（昭和5）年頃、大郷村役場で勤務中の西邑仁平さん（西邑仁平さん提供）

戸主は家族に徴兵適齢者がいれば、当年の一月中に本籍地の市町村長に届け出なければならなかった。兵役法第七七条には、「徴兵適齢届」の届出をしなかった者は五〇円以下の罰金または科料に処す、と罰則も定められていた。なお、大郷村の場合、時代によっては、兵事書類の記録上、徴兵検査の対象が前年一二月二日〜当年一二月一日に満二〇歳になる男子となっていた事例も見られる。

一連の昭和一六年「徴兵適齢届」は全部で八五枚あり、届出は早々と前年の一一月から一二月にかけて済ませてあった。

戦争を知るための証として

西邑仁平さんは一九〇四（明治三七）年九月二七日、大郷村の大字新居（にのい）という地区に生まれた。日露戦争が起きた年である。生家は養蚕の桑卸業、旅館業、酒・煙草小売り業をいとなんでいた。大郷尋常高等小学校を卒業し、福井県立敦賀商業学校露西亜（ロシア）語科に入学した。本が好きで、ロシア語を学び、トルストイ全集も集めた。

しかし、一九二二（大正一〇）年二月、学生ストライキに参加したことを理由に敦賀商業学校を中途退学させられた。そして翌年四月、大郷村役場に書記として就職した。村長に命じられて兵事係になったのは、三〇（昭和五）年一月である。

「兵事係になれと言われたときはびっくりしました。思いがけないことだったし、兵事係は重大な仕事ですから、果たして自分に務まるだろうかと考えたんです。正直なところ、内心、弱ったなー、と。断れるものなら断りたかったです。しかし、村長の命令には従わなければなりません。お国のためと、そのときどこまでわかっていたかどうか、はっきりとは言えませんが、兵事係の仕事をしていくうちに、やはりお国のための大事な務めなんだと思うようになりました」

戦後、西邑さんは、「警察や進駐軍に家宅捜索をされたらどうしよう。兵事書類を見つけられて、家族にも累が及ぶか

旧大郷村の現在の風景

もしれない」と不安でならなかったという。一九五六年に役場を定年退職するまでも、それ以後も、兵事書類について一切口外せず、二三年前に亡くした妻にさえも打ち明けなかった。その秘密を「墓場まで持って行こうか」と思っては、それでいいのか、このまま埋もれさせてもいいのだろうかとも考え、考えて、長年の胸のつかえになっていたという。

しかし、二〇〇六年夏に地元の浅井歴史民俗資料館で開かれた終戦記念展「応召先の敦賀連隊」を見て、兵事書類の公開を決意する。かつて大郷村からは多くの青年たちが、福井県敦賀市に置かれた歩兵第一九連隊や歩兵第一一九連隊に入隊した。ある者は戦場で斃(たお)れ、ある者は生還した。西邑さんは兵事係として出征兵士を引率し、敦賀の連隊本部まで何度も送り届け、「体に気をつけて、しっかりやってくるように」と言って別れている。心に、そのときの若者たちの顔や声がよみがえってきた。「戦争は悲しみだけが残る。二度としてはいけない」との思いがあらためて湧きあがり、自分の残した兵事書類が、「戦争がどんなものなのかを知るための証(あかし)となれば」と考えた。

そして、平和を考えるために地域と戦争の歴史を掘り起こす終戦記念展を企画してきた、浅井歴史民俗資料館の冨岡有美子さんと野瀬富久子さんが、西邑さんからの聞き取りと書類の調査を進め、二〇〇七年夏の「村にきた赤紙」展が開かれたのだった。

西邑さんと一緒に暮らす長男の紘さんも、兵事書類秘匿の事実を初めて知り、驚いたが、「父親が抱えていた村と戦争の歴史の重み」を実感し、兵事書類の展示に協力した。

敗戦時の兵事書類の焼却は、陸軍の機密書類焼却命令に従っておこなわれた。一九四五年八月一四日、当時の日本政府がポツダム宣言の受諾を決定した直後、陸軍の参謀本部総務課長と陸軍省高級副官から全陸軍部隊に機密書類の焼却が命令された。機密書類の焼却は市町村の兵事書類にまで及んだ。八月一五日の敗戦直後から数日間にわたって、焼却命令が各師団長、各連隊区司令官、各警察署長を経て、各町村長に伝えられた。各市長には各連隊区司令官から伝えられた。

その結果、全国の市町村役場で大量の兵事書類が焼却された。軍事機密、国家機密をあくまでも秘匿しようと考え、戦争犯罪・戦争責任の追及を恐れる軍や内務省など、国家機関による組織的な公文書焼却の一環であった。つまり、証拠湮滅である。

焼却命令に従わず、兵事係が密かに残していた兵事書類が公開されたのは、過去に、富山県旧庄下村（現砺波市）、栃木県旧中村（現真岡市）、東京都旧東村山町（現東村山市）の事例がある。

また、焼却されずに役場に残っていたケースも、新潟県旧和田村（現上越市）、同県旧

高士村（現上越市）、静岡県旧敷地村（現磐田市）、埼玉県旧高階村（現川越市）、愛知県河合村（現岡崎市）など、全国各地で十数件ある。

徴兵検査への道

私は浅井歴史民俗資料館の一室で、すでに展示の終わった兵事書類に目を通していった。「徴兵ニ関スル書類綴」（昭和十五年〜昭和十七年）の、昭和一六年「徴兵適齢届」に続くのが「壮丁人員表」である。それは徴兵検査を受ける壮丁すなわち徴兵適齢者の人数をまとめたものだ。

兵役法施行規則では、その表に記載される人員は四種類に分けられていた。

「第一号」その年の徴兵適齢人員。

「第二号」徴兵適齢人員のうち、その年の徴兵検査を受けることなく徴集延期と推定される人員（大学や高等学校などの学生、国外居住者、外国航路の日本国籍船の船員など）、すでに志願兵として兵籍にあり徴兵検査を受ける必要のない人員、所在不明のため徴兵検査を受けられないと推定される人員。

「第三号」前年に徴集延期その他の理由で徴兵検査を受けなかった人員。

「第四号」前年に徴兵検査を受けなかった人員のうち、今年徴兵検査を受けると推定される人員。
徴集とは、徴兵適齢者を徴兵検査を通じて現役または補充兵役に分けて編入することを意味する。兵役法施行規則では、全国の市町村長は戸籍をもとに毎年一月一日の時点での徴兵適齢者など、上記の四種類の人員を調べて、「壮丁人員表」をつくるよう定めていた。作成の実務は兵事係がおこなった。

大郷村の昭和一六年「壮丁人員表」には、「第一号」八六人、「第二号」五人、「第三号」二三人、「第四号」四人と書かれている。

このように全国の市町村でつくられた「壮丁人員表」は、町村の場合、毎年一月一〇日までに道府県の官吏である兵事官に提出しなければならなかった。兵事官はそれらを取りまとめて一月二〇日までに、各町村を徴集管轄下に置く陸軍の連隊区司令部に提出した。

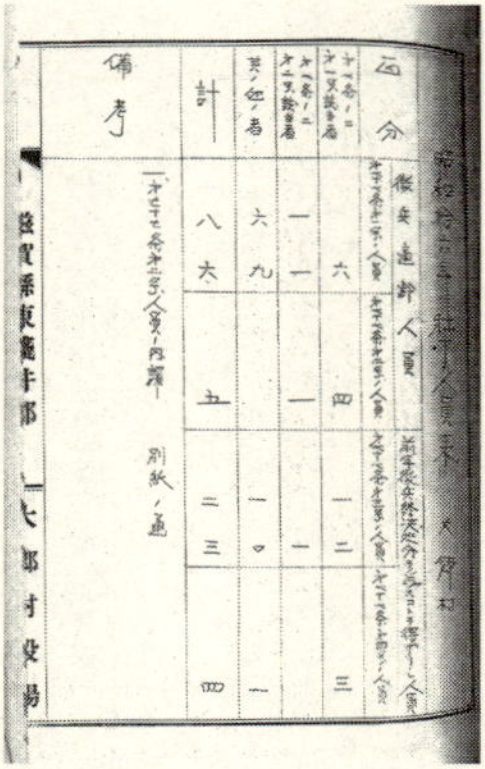

区分	徴兵適齢人員 [illegible]	[illegible]	[illegible]	[illegible]
[illegible]	六	四	二	三
[illegible]	一	一	一	
其ノ他ノ者	六九		一〇	一
計	八六	五	二三	四
備考	別紙ノ通			

壮丁人員表

当時は、全国各地に五九の連隊区があった。市の場合は直接、その市を徴集管轄下に置く連隊区司令部に、一月二〇日までに提出した。

そして、連隊区司令部はそれぞれの徴集管轄下の市町村からの「壮丁人員表」をまとめて「連隊区壮丁人員表」をつくり、所属する師管の師団長に一月三一日までに提出した。

陸軍省が作成・発行し、表紙に「秘」と記された、『昭和十六年 徴兵事務摘要』（昭和十七年五月）という冊子がある。部外秘の内部資料だ。私はそれをある大学の図書館書庫で見つけた。

同資料によると、師管とは、陸軍の常設師団の司令部が置かれた都市を中心に設定された徴集のための区域である。当時は、東京、宇都宮、仙台、金沢、名古屋、京都、大阪、姫路、広島、善通寺、熊本、久留米、旭川、弘前と一四の師管があり、全国を区分していた。各師管の下に、三〜六の連隊区が設定されていた。

当時、大郷村は敦賀連隊区に属し、敦賀連隊区は京都師管に属していた。京都師管の下には、京都、福知山、津、大津、敦賀、福井と六つの連隊区が設けられていた。なお、敦賀連隊区は徴集事務上は京都師管に属していたが、実動部隊としての敦賀連隊（歩兵第一九連隊）は、金沢に司令部があった第九師団に属していた。

各師管の師団長は各連隊区から提出された「連隊区壮丁人員表」に基づいて「師管壮丁人員表」を作成し、毎年二月一〇日までに陸軍大臣に提出した。

こうして全国から集計した数字に基づき、その年の徴集人員が決められ、陸軍大臣が天皇の裁可を経て、師管ごとに徴集人員を割り当てた。師管からはさらに連隊区ごとに徴集人員が割り当てられた。連隊区からは連隊区内で区分けしてある徴募区（複数の市や町や村から成る）ごとに徴集人員が割り当てられた。

なお、海軍の兵員は主に志願兵から構成されていたが、必要とする徴集人員数については海軍大臣から陸軍大臣に通知され、その徴兵事務は陸軍に依存していた。

「壮丁人員表」は毎年の徴兵検査の基礎資料となるもので、集計すれば、その年に全国で何人の若者が徴兵検査を受ける予定なのかを、軍は把握できた。

『昭和十六年　徴兵事務摘要』によると、昭和一六年の全国の壮丁人員は、当年の徴兵適齢者が七三万四八八二人、前年に徴集延期その他の理由で徴兵検査を受けなかった人員が二二万四〇六三人で、合計九五万八九四五人だった。

同書には、「各連隊区壮丁人員表」という一覧表が載っている。それを見ると、敦賀連隊区の壮丁人員は、当年の徴兵適齢者が五三〇九人、前年に徴集延期その他の理由で徴兵検査を受けなかった人員が一六七七人で、合計六九八六人だった。大郷村の壮丁もそこに含まれていた。

このように「壮丁人員表」を提出したあと、各市町村では兵事係が戸籍と「徴兵適齢届」と「壮丁人員表」を照合して、壮丁の名簿である「壮丁連名簿」や「徴兵検査不要者連名簿」などを作成した。それらは、町村の場合は毎年二月一五日までに県の兵事官に提出し、兵事官はそれらを取りまとめて連隊区司令部に三月一〇日までに提出した。市の場合は直接、三月一〇日までに連隊区司令部に提出した。

「皇国民タルノ自覚」

兵役法施行規則では、徴兵検査は毎年四月一六日から七月三一日までの間におこなうよう定めていた。具体的な日程は、全国各地の連隊区内でさらに区分けされていた各徴募区に、順番に割り振った。

そして、出頭日時と検査場所を記した「徴兵検査通達書」が各市町村長から徴兵適齢者など壮丁一人ひとりに交付された。昭和一六年の大郷村の徴兵検査は、五月一日に実施されている。

徴兵検査は必ず本籍地で受けるよう定められていた。そのため、仕事や学業などの理由で村外で暮らす者には、村にいる家族を通じて連絡がなされていた。

なお、正当な理由なく徴兵検査を受けなかった者は一〇〇円以下の罰金に処すと、兵役法第七六条に定められていた。病気や怪我や精神の異常、家族の死亡、家屋の火災・流失・倒壊など正当な理由で、徴兵検査に出頭できない場合は、医師の診断書、市町村や警察の証明書を添えて不参届を出さなければならなかった。そして、市町村が事実調査をしたうえで、後日、徴兵検査を受けさせた。

昭和一六年四月四日付けの「壮丁予備検診成績表」という書類もある。徴兵検査前の予

大正期の東浅井郡役所での徴兵検査（西邑仁平さん提供）

備検診では、トラホーム・結核・花柳病（性病）・その他の疾病の罹患者をチェックする。大学在学中などで徴集延期になった者を除く徴兵適齢者七六名中、「結核軽症一、痔核五」とあり、該当者の氏名欄の上に書き込みがされている。

同年四月一五日には滋賀県学務部長から各市町村長宛てに、「壮丁神前奉告祭執行ニ関スル件」という通牒が出されている。その文面は、徴兵検査の会場となる役場や学校の近くの神社に、徴兵検査の前日に徴兵適齢者が全員そろって参拝し、徴兵検査を受ける旨を神前で奉告するよう指示したものだ。奉告祭の意義として、次のように書かれている。

検査ハ古武士ノ元服ニモ相当スベキ厳

粛重大ナル意義ヲ有スルモノニ有之候ニ付テハ、受検前各市町村毎ニ神前奉告祭ヲ執行シ、併セテ皇国民タルノ自覚ヲ新タニセシムルハ極メテ緊要ノコト。

当時の大日本帝国社会では、徴兵検査は日本男児にとって、「古武士ノ元服ニモ相当スベキ」一種の成人の儀式としての意味を持ち、徴兵検査を終えて初めて一人前の男だ、と見なされていたことが伝わってくる。

また、「皇国民タルノ自覚ヲ新タニセシムル」とあるように、教育勅語などを通じて天皇崇拝の精神を植え込む当時の国民教育の、ひとつの結実が徴兵検査であるとの考え方も、そこに見られる。「皇国民」としての自覚を持ち、「皇軍」すなわち天皇の軍隊の兵士になることに大きな価値が置かれていたのである。この「壮丁神前奉告祭」に参列することも、兵事係の仕事のひとつだった。

徴兵検査は五月一日午前八時から、同じ郡内で隣接する虎姫町の虎姫尋常高等小学校（国民学校）で実施された。大郷村はじめ周辺町村を徴集管轄下に置く敦賀連隊区司令部からの徴兵官、県の兵事官、村長、兵事係などが立ち会い、軍医が身体検査をおこなった。この徴兵事務執行のために検査会場に開設されるものを、連隊区徴兵署と呼んだ。

検査を受ける壮丁たちは午前六時三〇分に集合し、七時に出頭。会場で、宮城遥拝（東面して最敬礼）、そして国歌奉唱をした。

身体検査は、身長・胸囲・体重の測定から、眼・耳・鼻・咽喉・視力・聴力・関節運動などの検査、さらに性病と痔の有無を調べる陰部と肛門の検査まであった。体格と健康状態が良いほうから甲・第一乙・第二乙・第三乙・丙・丁・戊の各種に選別した（第三乙種の設置は一九三九年）。

徹底した選別

兵役法施行令では、現役兵に適する者は身長一・五五メートル以上で身体強健な者と定め、最適者を甲種、それに次ぐ者を乙種としていた。

乙種は第一乙・第二乙・第三乙に分け、現役か補充兵役に適しているとした。

丙種は身長一・五五メートル以上あっても身体強健ではない者、身長一・五メートル以上一・五五メートル未満の身体や精神に障害がない者で、現役としての徴集の対象外だが戦時の召集はありうる国民兵役に適するとされた。

丁種は身長一・五メートル未満の者、一・五メートル以上あっても身体や精神に障害がある者で、兵役には不適格とされた。

戊種は徴兵検査時に病気や病後だったり、発育の遅れなどで判定できず、翌年再検査とされた。

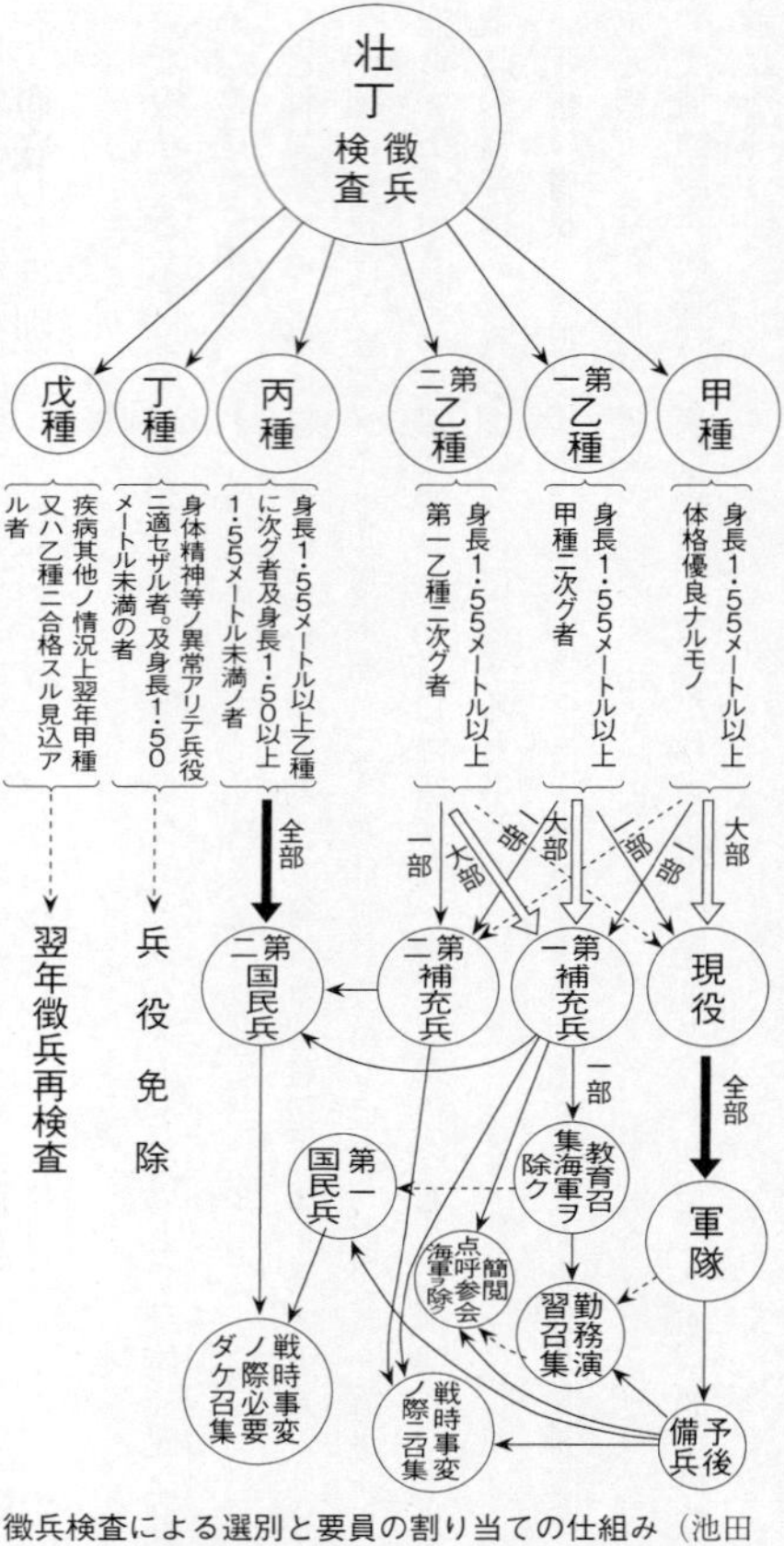

徴兵検査による選別と要員の割り当ての仕組み（池田純久『軍事行政』常盤書房、1934年をもとに作成。そのため第三乙種の記載なし）

大郷村からの受検人員七六人の「壮丁連名簿」には、各人の身長・胸囲・体重と甲種や第一乙種など選別結果が記されている。その年、大郷村の甲種合格者は三六人、第一乙種が一八人、第二乙種が一〇人、第三乙種が七人、丙種が四人、丁種が一人だった。

『昭和十六年　徴兵事務摘要』は陸軍省の秘密資料で、ページ数は一〇八ページ。目次には、「各連隊区壮丁人員表」「道府県別受検壮丁体格表」「道府県別受検壮丁身長表」「道府県別受検壮丁体重表」「トラホーム・性病連隊区別患者表」「壮丁中傷痍疾病ニ依ル徴集延期者師管別調査票」「道府県別受検壮丁教育程度表」「師管別職業別壮丁体格等位表」「徴兵検査ニ於ケル詐病者種類別人員表」など二七項目の統計が並んでいる。

昭和一六年の徴兵検査の結果を、全国の市町村からの集計をもとに多角的に細かく分析した内容である。これを読み込めば、その年の現役や補充兵役などの量と質、つまり日本軍がどれだけの、またどのような新兵力を得たのかが把握できる。それゆえ「秘」指定の重要資料とされたのだろう。

たとえば「道府県別受検壮丁体格表」を見ると、全国四八道府県（当時は樺太を含む）で甲乙丙丁戊とそれぞれ何人が選別されたのかがわかる。全国の合計で、甲種一九万八四二人、乙種四一万五四三一人、丙種四万七〇八一人、丁種一万九七七五人、戊種二六九八人となっている。そのうち大郷村のある滋賀県では、甲種二一〇六人、乙種五一九〇人、丙種四一八人、丁種一九五人、戊種二四人である。

この統計から、その年、徴兵検査に甲種か乙種か丙種かで合格して兵役に就ける人数は、全国で六五万三三五四人いたことがわかる。

兵役法施行規則では、徴兵検査のあと八月三一日までに、甲種と乙種の合格者のうち、現役と第一補充兵役の徴集順序（入隊順序）を決める抽籤（ちゅうせん）をするよう定めていた。徴集順序を決めるのは、通常、徴兵検査の結果、各師管・連隊区に割り当てられていた徴集人員を超える甲種・乙種合格者が出るためである。

抽籤の結果、割り当ての徴集人員数外の順位だった者は、現役兵として入営せずに済み、戦時の召集対象となる第二補充兵役に編入された。

抽籤は合格者本人が籤（くじ）を引くのではなく、市町村長が選定した抽籤代理人が、徴兵官立会いのもとに籤を引いた。大郷村の兵事書類を見ると、徴兵検査合格者のうち成績優秀の者が抽籤代理人に選ばれ、村長と兵事係が抽籤会場（各徴募区ごとに設けた）に引率して、籤を引かせるようになっていた。

この抽籤制度は、日中戦争で徴集人員が急増したことから、一九三九年の兵役法改正で廃止された。ただ、大郷村の兵事書類を見ると、三九年以降も抽籤をした記録が散見されるので、廃止の時期は連隊区ごとに異なるのかもしれない。

所在不明者を捜せ

「徴兵ニ関スル書類綴」（昭和十五年〜昭和十七年）には、敦賀連隊区司令官が徴兵検査の重要性について述べた書類も綴じてあった。

凡ソ徴兵検査ハ帝国臣民ノ三大義務ノ一タル兵役義務ノ基構ヲ形成スル関門トモイウベキモノデ、其ノ成否ハ国軍ノ編制ニ重大ナル影響ガアルバカリデナク、総テハ壮丁ヨリ国民全般ニ其ノ成果ヲ押シ及ボサレル極メテ重大ナモノデアルコトハ今更喋々ヲ要シナイ処デアリマス。

このように「帝国臣民」の「兵役義務」こそ「国軍」の根幹をなすものだという考えに基づいて、軍は全国の市町村長と兵事係に対し、徴兵適齢者に洩れなく徴兵検査を受けさせるよう強く求めた。

敦賀連隊区司令部が昭和一六年一〇月に、徴集管轄下の各市町村兵事係に通達した、「徴兵事務ニ関シ市町村当事者ニ対スル希望並連絡事項」という文書もある。そのなかに、「所在不明者ノ調査」という項目が挙げられ、こう書かれている。

聖戦五年、国民総力ヲ挙ゲテ戦イツツアルトキ、所在不明ノ為徴兵終結処分ヲ終ラザルモノアルハ洵ニ遺憾ニ堪エズ、然ルニ従来当事者ノ労ニ依リ発見シタル人員ハ極メテ少数ニ属ス。之等所在不明者アルハ自己市町村ノ恥辱ト心得、常ニ各種機関ト連絡スルハ勿論、百方手段ヲ講ジテ捜査ニ努力シ、此種終結処分未済者ノ絶滅を期サレ度。

当時、日本軍が中国に侵攻した日中戦争の開戦から四年と三カ月が過ぎ、五年目に入っていた。広大な中国大陸で日本軍は点と線を押さえただけで、中国国民党軍と共産党軍の根強い抵抗に遭っていた。戦争は長びき、戦死傷者も増え、軍は兵員の補充に追われていた。そして、アメリカとイギリスに対するアジア・太平洋戦争の開戦も間近に迫っていた。新しい兵員を確保するためにも、徴兵適齢者が所在不明で徴兵検査を受けられないといった事例は極力少なくしなければならなかった。

だから、軍は各市町村の兵事係に対して、「所在不明者アルハ自己市町村ノ恥辱ト心得」よと強圧的な姿勢で臨み、「百方手段ヲ講ジテ捜査ニ努力」し、「（徴兵検査）未済者ノ絶滅ヲ期」するよう、すなわち捜し出して徴兵検査を受けさせるよう檄（げき）を飛ばしたのである。「絶滅ヲ期サレ度」という言葉に、軍官僚機構の所在不明者に対する憎悪ともいえる感情が表れている。

大郷村は琵琶湖に面した湖北の平野にある農村で、東には伊吹山を望む。姉川が村の中を流れて琵琶湖に注いでいる。戦国時代に織田信長・徳川家康の軍勢が浅井長政・朝倉義景の軍勢を破った「姉川の戦い」で知られる川だ。曽根、細江、錦織（にしこおり）、落合、難波、新居、野寺、八木浜、大浜、南浜、中浜、川道という一二の大字（地区）から成り、当時（一九四一年の時点）の人口は四六六三人だった。米作のほかに養蚕、製糸、織物（ビロードや縮緬（ちりめん））が盛んだった。湖辺の地区では漁業もいとなんでいた。

しかし、京阪神に働きに出て商工業に従事する若者も多かった。徴兵検査は本籍地で受けるため、兵事係は村外に住む徴兵適齢者にはその家族を通じて連絡したが、所在不明の場合は各地の警察や憲兵隊に捜索を依頼していた。

徴兵忌避と失踪

所在不明者の多くは単に家族との連絡が途切れていたのではなく、「兵隊に取られたくない」という気持ちから、いわゆる徴兵忌避をして行方をくらませていたのだと考えられる。

徴兵忌避はむろん違法行為であった。兵役法第七四条に「兵役ヲ免ルル為逃亡シ若ハ潜匿シ又ハ身体ヲ毀傷シ若ハ疾病ヲ作為シ其ノ他詐偽ノ行為ヲ為シタル者ハ三年以下ノ懲役ニ処ス」とあるように、逃亡したり隠れ潜んだり、故意に負傷したり病気に罹ったりして、徴兵を逃れようとした場合は投獄された。

当時、徴兵忌避は「非国民」と指弾される行為であった。しかも、本人だけが「非国民」や「国賊」として非難されるにとどまらず、その家族や親戚までも世間から白い目で見られるのが普通だった。

しかし徴兵忌避は、一八七三（明治六）年に徴兵令が制定された直後から全国的に後を絶たなかった。『徴兵忌避の研究』（菊池邦作著、立風書房、一九七七年）によると、一八八二（明治一五）年に第一号が発刊された「日本帝国統計年鑑」で明らかになった、同年から一八九六（明治二九）年までの徴兵忌避の逃亡・失踪者の累計は七万四八八〇人にも上った。

このような事態を陸軍は深刻視していた。一九〇二（明治三五）年には時の陸軍大臣、寺内正毅が憲兵司令部・警視庁・北海道庁・各府県宛てに、「徴兵失踪者捜索等ノ件」という通達を発し、「厳密ノ捜索ヲ遂ゲ充分ノ成績ヲ挙ゲンコトヲ努ムベシ」と、「徴兵失踪者」に対する厳重な捜索の実施を命じている。

『徴兵忌避の研究』によると、「陸軍統計年報」からわかる一九三六（昭和一一）年の時点での、陸軍が把握していた「逃亡し所在不明のため徴集し得ざる人員」は二万二八三人である。

また、『昭和十六年　徴兵事務摘要』に載っている「所在不明ノ為徴兵処分未済者道府県別人員表」によると、その年、「逃亡所在不明ノ為徴集シ得ザリシ人員」すなわち所在不明のため徴兵検査を受けなかった者は、全国で一万八四九九人いた。滋賀県の欄を見ると、一四七人と記されている。

さらに、「徴兵忌避者及其ノ疑アル者ノ道府県別人員表」によると、徴兵を逃れるため故意に手足などを傷つけたり、わざと不摂生にして病気に罹ったり、病気や怪我だと詐称したりした人数は、全国で五二人（滋賀県は〇人）いた。

こうした数字からも、所在不明の「徴兵失踪者」の捜索が重要視されていた背景がわかる。

巨大な鉄の箍

所在不明者の捜索に関して、西邑さんはこう語る。

「警察に届けて捜してもらうんです。徹底的に捜すので、絶対に逃げられません。徹底的ですから……。当時は、軍はとにかく強大な権限を持っていたんです」

大郷村の「徴兵ニ関スル書類綴」には、「所在不明者ノ調査」に関連した書類が何十枚もある。たとえば昭和一五年五月三〇日付け、大郷村長から大阪府住吉警察署長宛て、「壮丁所在捜査」の依頼書（控え）にはこう書かれている。

住吉警察署長殿
　壮丁所在捜査方ノ件
左記ノ者所在不明ニシテ本年徴兵身体検査ヲ受ク可キ者ニ有之候ニ付、左記事項ニ依リ御捜査ノ上、何分ノ儀御回報相煩度、此ノ段ヲ御依頼候也。

そして、所在不明者の本籍地、戸主名、本人氏名、生年月日が記されている。さらに、「捜査上参考事項」も書かれている。

本年三月十五日迄、大阪市此花区桜島北ノ町桜島鉄工所ニ勤務シ、三月二十二日頃下宿先ナル大阪市此花区桜島北ノ町五十番地松崎方ヲ無断出奔シ、爾来実家ニハ音信不通ニテ目下徴兵検査モ差シ迫リ、何卒至急御捜査願度。

同じ内容の依頼書は滋賀県、大阪府、京都府の各地の警察署長宛てに発送された。それに対して大阪府住吉警察署、天満警察署、京都府七條警察署など各警察署から、「標記ノ件依頼有之候付、当署署管内ヲ精密調査スルモ該当者未発見」といった「壮丁所在捜査回答書」が多数届いている。

それらの回答書には、署管内の全派出所による捜査を示す一覧表が添えてある。「被調査者」（所在不明者）の氏名の横に、「調査事項　所在捜査」と書かれ、「右調査ヲ遂ゲ発見セバ別紙ヲ以テ、未発見ノ時ハ相当欄ニ捺印ノ上、遅滞ナク復命セラレタシ」とある。警察署から派出所に調査開始を命じた「指揮年月日」と、派出所からの調査結果が報告された「復命年月日」も記されている。その下に、それぞれ十数カ所から二十数カ所の派出所名と駐在警察官の捺印がずらりと並んでいる。
藁半紙にガリ版刷りの文字、いま書かれたかのようにくっきりと罫紙に残る達筆の文面。派出所の警察官による捺印の朱肉の色も生々しい。所在不明の徴兵忌避者をどこまでも追って捜し出そうとする国家の意志が、いまなお立ち昇ってくるかのようだ。

おびただしい兵事書類に記された、届出、調査、提出、通達、出頭、検査、捜査、徴兵、徴集、動員、召集など無機的な、厳めしくもある言葉の群れ。しんとした部屋で、ひとり兵事書類と向き合っていた私は、往時に引き込まれるようで、次第に息苦しさを覚えた。

該当者を選び出し、個人情報を把握し、体の隅々まで調べ、選別し、等級付ける。それが毎年、兵役法施行令・施行規則に基づき全国共通で、精密な機械のように繰り返される。兵事書類の山が築かれていく。ベルトコンベアに乗せられた物のように、多くの人間が日常生活から切り離されて、軍律に縛られた時空間に送り込まれる。場合によっては死が待つ場所、戦場へと投げ込まれる。そのシステムから逃れようとする者には、「非国民」のレッテルが貼られ、執拗な追跡と処罰の手が延びる。

徴兵制とはいわば、帝国日本の社会全体に嵌められた巨大な鉄の箍だった。巨大な官僚機構の末端として兵事係も、その一部を成していた。いささかの弛みも漏れも許さぬその箍には、国家の意志が貫かれていた。教育勅語に象徴される国家主義的教育などを通じてできあがった、「天皇陛下のため、お国のため」という国民の国家への自己同一化の心情と、社会的な同調圧力も入り交じり、箍を強めたにちがいない。

現役兵、入営す

この年、大郷村からの現役兵は六三人となった。

現役兵の人選後、各人の戸籍抄本とともに、性格、品行、郷土での風評、学歴、青年団員としての状況、家庭環境、生活状態、入営のため家庭に及ぼす影響など、細かい個人情報を兵事係が調べて記した「現役兵身上明細書」が軍に提出される。そこには、「性質温順」「一意職業ニ勉励ナルヲ以テ風評良好ナリ」といった言葉が見られる。

西邑さんが兵事係になる以前は、「現役兵身上調査表」といい、家の不動産や戸主の収入・課税額を詳細に書き、「特ニ注意スベキ件」の項目もあって、「他人ノ物品ヲモ掠(カス)ムルニ到ラザルカヲ顧慮スル次第」といった記入例もある。

軍は現役兵たちの個人情報を収集し、新兵教育時の参考にしたり、上官が部下を管理するために役立てたりしたと考えられる。

現役兵と決まった青年たちには、昭和一六年一一月三日、軍からの「現役兵証書」(連隊区司令官名義で発行)が村役場で交付された。そのとき、一人ひとりが受領書に署名・捺印をした。「現役兵証書」には、入営部隊名と所在地と期日・時刻とともに「入営ヲ命ズ」と書かれている。

その命令は絶対的な重みを持っていた。兵役法第七五条には、「現役兵トシテ入営スベキ者、正当ノ事由ナク入営ノ期日ニ後(オク)レ十日ヲ過ギタルトキハ六月以下ノ禁錮ニ処シ、戦時ニ在リテハ五日ヲ過ギタルトキハ一年以下ノ禁錮に処ス」と罰則が定められていた。

なお、入営期日の延期が許される「正当ノ事由」とは、家族の死亡や家屋の火災・流失・倒壊などである。その場合は入営不能届を出し、市町村が事実調査をしたうえで、入営期日が再指定された。

「昭和十六年徴集現役兵」という文書は、現役兵六三人の入営日時、入営部隊、部隊所在地、兵種、村内の出身地区（大字）、氏名の一覧表である。

昭和一七年一月一〇日入営が最も多くて三一人、入営時刻は午前八時または九時。そして、一月一四日に二人、二月一〇日に一六人、三月一日に三人、三月（日付なし）に一人、四月一〇日に五人、九月一日に一人、一〇月一日に四人となっており、いずれも入営時刻は午前九時である。

敦賀連隊への入営が一八人と最も多く、ほかには岐阜、京都、舞鶴、大阪、浜松、千葉などに置かれた部隊だ。

兵種は歩兵が三五人と圧倒的に多い。そのほか、重砲兵、野戦重砲兵、戦車兵、輜重兵(しちょうへい)、工兵、通信兵、鉄道兵、看護兵、機関兵、整備兵、飛行兵、防空兵である。

徴兵適齢届が出されてからちょうど一年。現役兵六三人の入営が始まった一九四二(昭和一七)年一月は、前年一二月八日の日本軍の真珠湾攻撃とマレー半島上陸によるアジア・太平洋戦争開戦の直後である。かれらの多くは戦場に送られたはずだ。そして、その後はどうなったのだろうか……。同じように全国各地で、その年の現役兵として数十万人の若者たちが入営し、やはりその多くが戦場への道を歩んでいった。

この残された膨大な兵事書類には、あまたの生と死をめぐる運命の跡が印されている。私は書類をめくる自分の手がかすかに震えているのに気づいた。

第二章　ある現役兵の戦場体験

昭和一七年の現役兵に告ぐ

昭和十七年十一月六日

各現役兵殿

補充兵殿

現役兵証書、補充兵証書交付ノ件

突然乍ラ本日（六日）午後一時当村役場ニ於テ現役兵証書、補充兵証書交付可致候条、印章携帯ノ上御出頭相成度。

追而、出寄留等ノ為、本人不在ノ場合、代人出頭相成度。

尚農繁最盛ノ折柄、時間励行ヲ以テ御参集相成度候。

これは、「徴兵ニ関スル書類綴」（昭和十五年〜昭和十七年）に含まれていた一枚の書類である。一九四二（昭和一七）年に徴兵検査を受けて現役兵と補充兵に決まった大郷村の青年たちに、村長の名義で配られた通知の原文だ。他の兵事書類と同じように、兵事係だった西邑仁平さんが書いてガリ版印刷し、配った。

突然ながらと前置きして、今日、現役兵・補充兵としての証書を交付するので、印鑑を持って役場に出頭するよう告げている。印鑑は証書の受領証に署名・捺印する際に必要だった。本人が出かけていたり、一時的に余所(よそ)に住んでいて不在の場合は、家族が代理で出頭することとある。ちょうど稲刈りの最中にあたる農繁期だが、出頭時間を守って集まるようにとの注意書きもある。

現役兵証書と補充兵証書は大郷村を徴集管轄下に置く大津連隊区司令部で作成され、連隊区司令官の名義で発行されていた。それが滋賀県の兵事官を通して大郷村役場に送付されたのである。この年より、大郷村は周辺の市町村とともに敦賀連隊区から大津連隊区の徴集管轄下に変わっていた。

昭和一七年の大郷村の現役兵は三八人、第一補充兵一三人、第二補充兵五人だった。そのうち現役兵の証書には、本人氏名と戸主名と続柄のほかに、入営部隊名、部隊所在地、入営期日・時刻が書かれていた。入営の第一陣は一九四二年一二月一〇日で九人、第二陣が翌年一月一〇日で二一人、以下、一月一九日に二人、二月二日に一人、四月一日に一人、九月一〇日に四人だったことが、「昭和十七年徴集現役兵」という一覧表からわかる。

その一覧表の最初に名前が載っていたのが、大橋久雄さんである。軍隊経験、戦場経験をした世代の人たちが高齢化し、存命者もわずかとなり、存命であっても病気などで話ができないことが多いなか、大橋さんは生まれ育った旧大郷村の曽根地区に健在で、取材に応じてくれた。

大橋さんは一九二二(大正一一)年二月二四日生まれ。家は農家で、主に水田稲作を営んでいた。四歳のときに父親が病死し、母親も一二歳のときに急性肺炎で亡くなった。大橋さんと姉と弟が残された。おじ一家が隣に住んでいて、よく面倒を見てくれた。大橋さんは大郷尋常高等小学校を卒業し、農業に精を出した。

二十歳になって、徴兵検査を受けたのが一九四二年六月二四日。場所は例年どおり虎姫国民学校の講堂で、その年、大郷村の受検者は六一人だった。徴兵検査は近隣の七尾村、小谷村との合同だった。

「徴兵検査は当たり前、義務やから当然のことだと思ってました。小学校で兵役の義務として習っていたので、疑問も抵抗感もありません。一人ひとり名前を呼ばれて、身長、体重、胸囲、視力、聴力などを調べていって、軍医が判定するわけです。西邑仁平さんも兵事係だったから会場に来ていましたね」

大橋さんが徴兵検査の日のことで一番記憶に残っているのは、大津連隊区司令部から来ていた徴兵官から、「甲種合格」と大きな声で言われて、とても嬉しかったことだという。

「甲種合格。一人前で、どこも障害がないと認められたわけですから。ただ、甲種合格だったからといって家や近所で特にお祝いをしたりはしませんでしたね」

出征の日

兵事書類に記されていた、「昭和十七年十一月六日　現役兵証書交付」について、大橋さんは役場に受け取りに行ったかどうかよく覚えていないという。いずれにしろ、入営日時と部隊は通知され、その年の現役兵第一陣として一二月一〇日、敦賀連隊本部への入営が決まった。大郷村からは大橋さんを入れて計六人の入営であった。

「入営の準備は特に何もせず、手袋や靴下、手拭いとか私物を少し持っていきました。弟はその頃、大阪の逓信局（ていしんきょく）（郵便局）で働いていたので、姉を家に残していかなければなりません。田んぼは全部人に貸すことにして、後のことはおじさんに任せました。入営の一〇日くらい前から、曽根の親戚が送別会を開いてくれて、五軒ほどから呼ばれては、ごちそうになりました」

その頃、アジア・太平洋戦争が始まってからちょうど一年が過ぎていた。開戦当初、日本軍はアメリカ軍やイギリス軍など連合軍に対して破竹の勢いで勝ち進んでいた。真珠湾奇襲のハワイ作戦、マレー半島上陸からシンガポール占領、香港占領、そしてフィリピンもジャワもスマトラも占領し、西太平洋の島々も手中に収め、さらにビルマにも侵攻して占領した。東南アジアと西太平洋に広大な占領地域を得たのだ。東条英機内閣のもと、国民は戦勝気分にひたった。

しかし、一九四二年六月のミッドウェー海戦でアメリカ軍に大敗し、ガダルカナル島の攻防戦でも敗色が濃くなり、日本軍は次第に劣勢に立たされるようになってゆく。ただ、日本政府は情報統制をしており、そうした事実が日本国民に知らされることはなかった。軍部が政権を握り、大政翼賛会のもとに大日本産業報国会や農業報国連盟や大日本婦人会などが統合され、内務省の主導のもと国民を統制する部落会・町内会・隣組の制度も張りめぐらされた。このように官製の組織化を通じて翼賛体制すなわち国民支配体制ができあがっていった。

大橋さんは入営の前日、一二月九日に大郷村を出発した。その出征の日、朝早く、曽根地区の八幡神社にお参りし、曽根の各家から少なくとも一人ずつ集まって、大人も子供も行列を成して、みんなで軍歌を歌いながら、北陸線の虎姫駅まで見送ってくれた。

「曽根からは私と雲晴(うんせい)信一君の二人が現役兵として入隊しました。出征の襷(たすき)は現役兵なのでかけませんでした。召集兵はかけましたが。そのときは私たち現役兵だけです。軍歌は『露営の歌』、あの「勝ってくるぞと勇ましく　誓って故郷(くに)を出たからは　手柄たてずに死なりょうか　進軍ラッパきくたびに　瞼に浮かぶ旗の波……」という歌です。あと、「万朶(ばんだ)の桜か襟の色　花は吉野に嵐吹く　大和男子(おのこ)と生まれなば　散兵線の花と散れ……」という『歩兵の本領』とか歌いながらだったですね」

村人たちの軍歌とともに見送られながら故郷を離れて軍隊に入ってゆく、戦場に向かうことになるという、そのときの気持ちはどのようなものでしたか、という私の問いに、大橋さんは「そうやなぁ……」とつぶやいてから、ひと呼吸おいて、こう語った。

「そのときは、まだ戦争というものがどんなものやら何も知らず、映画やら新聞やらで見るようなことを夢見るように、何もわからずに行ったわけです。しかし、現実は全然違いました……」

——何が現実と大きく違っていたのですか、と私は聞いた。

「それは、何や、どう言ったらいいかな。戦争だから、戦死や負傷は当たり前やとしても、あんなに戦争がみじめなものやと思わなかったな。部隊が全滅したり、日本が負けるとは思わなかったんです」

大橋さんら現役兵六人は虎姫駅から午前九時の汽車に乗って北へ、県境を越えて敦賀に向かった。その日は敦賀市内の軍に指定された旅館に泊まり、翌一〇日の午前一〇時に、敦賀連隊本部の営門をくぐった。

そこで一〇日間、軍隊の基礎教育を受け、伝染病の予防接種も受けた。ただし、配属されたのは、敦賀連隊（歩兵第一九連隊）ではなく、一九三八（昭和一三）年に京都府の福知山で編成されて中国戦線に投入された歩兵第一二〇連隊だった。その補充要員に、敦賀連隊区の滋賀県北部と福井県西部出身の現役兵およそ一〇〇〇名が充てられたのである。中国の現地から第一二〇連隊の将校と下士官たちが、「初年兵受領」として現役兵を連れに来ていた。

中国大陸の戦地で

一二月二〇日の夜半に部隊は出陣式をおこない、午前三時半頃、連隊本部を出発した。入隊の日に支給された軍服を着て、飯盒、水筒、雑嚢(ざつのう)を携帯した。越前国一の宮である気比(けひ)神宮に参拝して武運長久を祈り、早朝六時頃、敦賀駅から軍用列車に乗った。防諜(スパイ対策)上の理由から部隊の行動は秘密にされ、汽車の窓は鎧戸(よろいど)を全部閉めて走った。

朝八時頃、虎姫駅で三分間ほど停車した。兵士たちの何人かの家族や親戚が見送りに来ていた。だが、鎧戸が閉まっているのでわからない。自分の名前を呼ぶ声が聞こえ、つかのま顔を出して会うことができた。姉とおじとおばが来ていた。言葉を交わす間もなく、「行ってきます」と手を挙げ、「元気でな」と一言聞くのがやっとだった。姉がぼた餅を窓から投げ入れてくれた。

「なぜ虎姫駅で汽車が停まるとわかったのか、よくわかりませんが、兵事係の西邑さんが兵士の家族にだけは内々に知らせてくれていたのでしょうか」

汽車は西に走り続け、明くる日、下関に着いた。関釜連絡船で釜山に渡り、朝鮮半島を鉄道で北上、当時の満州を経て、山海関を通り中国北部に入った。どれくらいかかったのかはよく覚えていないという。さらに日本軍が占領していた南京へ向かい、一二月二八日頃に到着、昭和一八年の正月は南京で迎えた。

「どこに行くのかまったくわかりませんでした。絶対秘密でした。朝鮮に渡って満州かなと思ったが、北支を通って中支に着いたわけです」

北支とは「北部支那」、中支とは「中部支那」の意味で、当時の日本では中国北部と中部をそのように呼んでいた。

大橋さんたちの連隊が所属する第一一六師団（通称号「嵐」）の司令部は当時、安徽省の都市、安慶にあった。南京から船で揚子江（長江）をさかのぼっていった。歩兵第一二〇連隊の本部は安慶の東にある池州に置かれ、大橋さんの配属された第一大隊の本部は廟竹園というところにあった。そこで昭和一八年の一月から三月まで、初年兵教育すなわち本格的な訓練を受けた。

大橋さんら歩兵の装備は、背嚢、防毒面、鉄帽（鉄兜）、円匙（シャベル）か十字鍬（鶴嘴）のどちらか、三八式歩兵銃、帯剣、弾丸は一二〇発、手榴弾二発、水筒、飯盒、携行食糧、冬は外套（毛織の羅紗）、夏は外被（木綿製の合羽）、軍足、軍靴などだった。

大橋さんは通信中隊（有線通信一個小隊、無線通信一個小隊）に配属された。大橋さんら兵士たちはずっしりと重い装備を背負って、主に湖南省各地を転戦し、中国国民党軍と戦った。

「行軍はきつかったです。一日に歩く距離は作戦によって違うので一概には言えません。雨が降っているかいないかによっても違う。まあ一日に一五キロか二〇キロか。雨が降れば道はぬかるんで大変です。山も川もある。橋も舟もなくて、ずぶぬれで川を徒渉したり、泳いで渡ったりもしました」

マラリアや赤痢などにかかる兵士も多かった。大橋さんも腸チフスで野戦病院に入院したこともあった。

「作戦で一番思い出深いのは、昭和二〇年の三月から七月までの、芷江作戦です。雪峯山脈で第一〇九連隊が包囲されて脱出不能になって、第一三三連隊が救援に行ったが同じように包囲されてしまい、それで、私たち第一二〇連隊が救援に行き、何とか包囲を逃れて撤退したんですが、それはひどい戦闘でした。大きな被害を受けました。次々と戦友が倒れていって、私も危うく命を落としそうになりました。もともとこちらの兵力が足りず、補給・輸送もろくにできなかったんです。その撤退中に戦傷者を運んで、ある山の麓に収容していたら、敵の飛行機が焼夷弾を落として、火の海になりました。私は電話手として大隊長のそばにいて、別の山からその光景を目にしたんですが、それは悲惨なものでした……」

補給・輸送の目処も立てずに進撃を命じる日本軍上層部、その結果、前線の兵士たちが犠牲を強いられるという構図が戦場にはあった。

「まあ連隊長や師団長の功名心やなあ。功名心に駆られている。わしがあそこを取るとか、取ったとか言って。むちゃくちゃな命令を出す。けれど、軍隊では命令には絶対服従でした。「上官の命令は朕が命令と心得よ」ということで、上官の命令は天皇陛下の命令として絶対服従しなければならない。たとえば、同じ上等兵でも新任の者は旧任の者に服従しなければなりませんでした。一日でも早く任じられた者に命令権がある。これには逆らえません。とにかく、作戦計画を立てる参謀や将軍は後方におって命令ばかりしとって、前線には出てきませんでしたからね」

現地で食糧を奪いながら

大橋さんによると、湖南省は米の一大産地で、平野に水田が広がり、滋賀県とよく似ていて、大郷村を思い出させる風景だったという。湖南省には広大な洞庭湖もある。

「米作りをする農民の生活は同じようなもんです。顔つきも日本人と変わらないし、米の味も日本と変わりません」

その田園地帯で日本軍は、行く先々で食糧を「現地徴発」しながら戦争を続けた。

「徴発というのは、そこの民家に入って、ある物を取って食べるということです。米があれば米を取っていくし、鶏がいれば鶏、豚がいれば豚、そして牛、どれも殺して食べてしまう。それらを料理して腹いっぱい食べて、さらに飯盒にいっぱい詰めて持ってゆく。日本軍が来ると、住民はみんな逃げだしてしまい、いませんでした」

米を飯盒で炊くにも、肉や野菜を調理するにも、薪を燃やさなければならなかったが、日本軍は手当たりしだいに、何でも燃やしてしまった。

「薪がその辺にあるわけじゃないんです。薪を探すなんてもんじゃない。あるものは何でも焚いてしまう。米倉から米を取ったら、そこの壁板や床板を外して燃やしました。家の扉でも何でも壊して、燃えるものは何でも燃やしたんです。そのまま火事になって、家が燃えることもありました」

——そうすると、日本軍が通り過ぎた村々は大変なことになったんですね、と私は聞いた。

「そうです。大変なことになったんです。日本軍が通り過ぎたあとは」

——日本では大橋さんたちも地元で米作りをして農民として暮らし、一方、中国の農民も同じように水田で米作りをしていたわけですね。村人たちがせっかく苦労してつくった米を取ってしまう、奪ってしまうことに、同じ農民として心が痛むようなことはありませんでしたか？

「そのときは何とも思わないで、平気でやったんですね。食糧を取ることについて抵抗は感じませんでした。当たり前やと思っていました。そうしないと食べる物がないんです。日本内地からの補給は全然なかったし、食糧は最初から現地徴発せいと命じられていました。作戦計画のときから、現地調達せよという方針だったわけです」

——兵士として戦場に行ったことのない人間や戦争を知らない世代からすると、とても想像できない状況ですね。

「そう、想像はできんでしょう。それに、いまそんなことをせいと言われても、できんですわ。たとえて言うと、この曽根の地区に突入して、住民が逃げていなくなったあと、家から家へと勝手に入って、食べる物から何から、めぼしい物を見つけては取って私物化してしまうというのと同じことですからね。しかし、その当時は、それが平気だったんです……」

——つまり、普通の日常生活ではできないこと、考えられないことですね、それは。

「そう。考えられんことですね。ところが、戦地に行くと平気でやれる。心理状態が変わってしまうんですよ。現地徴発を続けるうちに、感覚が麻痺していくんです……」

旧大郷村の現在の風景

住民を捕まえて「苦力」に

日本軍は逃げ後れた住民を捕まえて、男たちを食糧などを運ぶ人夫として強制的に働かせた。日本兵たちはかれらを「苦力（クーリー）」と呼んだ。

「村人たちは山の谷などへ逃げ込んでいました。一度、そんな谷に入ったことがありましたが、たくさんの避難民がいました。逃げ後れた人はかわいそうやったなあ。日本軍に、男は使役、荷物運びに使われるし、女の人は強姦されるし……。強姦するのは特異な人で、どの階級にもいました。みんながみんなするわけじゃないです。私はそういうことはしなかった。そういうことをした人は戦死する率が高かったような気がします。通信中隊にも、強姦するのが好きな者がいたが、思わぬところで死によったな。どこか精神が弛緩するのか……」

捕まえた男たちには、村々で奪ってきた食糧など物資を竹かごに入れて天秤棒で担がせ、部隊の移動に伴って連れて歩いた。分隊ごとに少なくとも一人か二人は使っていたので、中隊規模になると何十人にも上った。

「何日間もどこまでも連れて歩くんです。だから、自分の村から遠いところまで行かされる。逃げないように、兵士と兵士の間にはさんで歩かせます。捕まえてから間もないうちは、夜、縄で縛って、交代で監視しました。しかし、慣れてくると、もう縛ったりはしません。ただ、こっちも油断することがあるので、夜こっそり逃げていく。逃げた者がいれば、また別の者を捕まえてきました。逃げるところを見つけたら、銃で撃ち殺しました。撃ち殺すのは、苦力に逃げられて、いらんことしゃべられると、こちらの情報が筒抜けになって、危険だからです。山砲を持っているとか、機関銃を持っているとか、馬が何頭いるとか話されると困るわけです。苦力が撃ち殺されるのを私は見たことはありませんが、その銃声は聞きました。中国人にとっては逃げるのも命がけ、天秤棒かついで使役されるのも命がけですよ。しかし、よく考えてみたら、逃げて当たり前ですね。ひどいことをされているんですから。かわいそうなもんです。けれど、やっぱりその当時は、中国人を捕まえて苦力にするのは、それが当たり前やという感覚でした……」

　日本軍部隊は作戦中、露営することもあったが、夜は冷えるので、たいてい民家に入って泊まった。寝台は放り出して、藁を取ってきて土間に敷いて寝た。

「長いときは同じ村に一、二カ月いたこともありました。二カ月くらい駐留すると、日本軍が土地の有力者を探してきて治安維持会や治安協会といったものをこしらえさせるんです。日本軍は危害を加えんから村に帰ってこいと、有力者から住民に呼びかけさせて、村に帰って生業（なりわい）につくようにさせます。必要な物資の購入も、金を払うから持ってこいと話をさせます。いわゆる宣撫（せんぶ）工作というものです。治安が回復したら、徴発はしてはいけないというのが軍の方針でした」

もしも徴兵制がなく、日本が中国に侵攻して戦争を起こさなければ、大橋さんのような農村出身の若者たちが兵士として、故郷の村に似た風景の中国の農村で、米や家畜を奪ったり、家を焼いたり、村人を捕まえて「苦力」として酷使したりすることもなかっただろう。

「湖南省は、戦争でなかったら、この辺とちっとも変わりません。のどかなところなんです……」

この言葉を、大橋さんはつぶやくように何度か繰り返した。

命だけあったらいいと

大橋さんの兵役期間は当初は現役兵として二年間のはずだったが、戦地にいたため、二年が過ぎても延長され、一九四五（昭和二〇）年八月の日本敗戦時まで続いた。最初は二等兵で、六カ月して一等兵に進級し、後に上等兵に、そして兵長になった。

敗戦時は湖南省の宝慶（ほうけい）にいた。その後、湖南省にいた日本軍は岳州（がくしゅう）のそばの鹿角（ろくかく）という街に集結させられ、そこで捕虜生活を送った。日本に復員したのは翌年六月末だった。復員とは、兵士が召集や徴集を解かれて帰郷することである。復員船は神奈川県の浦賀港に入り、汽車に乗って滋賀県の長浜駅に着いた。そこから歩いて大郷村の家に帰った。

「入隊するときは、生きては帰るつもりではいたけれど、戦地では生死は紙一重で、今日一日生きていたらええと、明日のいのちはわからんと、そういう気持ちでいました。それが戦場ですわ。はたから戦友がだんだん死んでいくでしょう。郷里のことを、家のことを、ほとんど思い出さなかったですね。しかし終戦になったら、早く家に帰りたい一心で、ほかには何も要らん、命だけあったらいいと思って、帰ってきたんです」

戦後、大橋さんは曽根の家に住んでずっと農業を営んできた。

一九九二（平成四）年一一月七日から一六日まで、同じ連隊の戦友会の会員たちと中国に慰霊の旅に行った。上海から岳州を経て、長沙（ちょうさ）、衡陽（こうよう）、宝慶、洞口（どうこう）と湖南省の各地を訪ね、衡陽と宝慶と洞口で慰霊祭をおこなった。

「日本軍側だけの慰霊祭をすると、中国人の根強い反対があります。だから、日中両軍の戦没者の慰霊をするということで慰霊祭をしたんです。そうしないと、中国の人たちの感情がおさまらない。やっぱり、ここで日本軍による残虐行為があったからということでしょうね。中国の人たちの感情がおさまらないことは、現地を訪ねてみてひしひしと感じました。私たちに対する鋭い眼差しを感じたんです。中国人たちに申し訳ないことをしたという気持ちになりましたね」

捕虜収容所生活を送った鹿角を訪ねたときは、戦友会で募って持参した寄付金を小学校建設に役立ててほしいと地元の行政機関の長に渡した。

「部隊が鹿角に収容されていたとき、住民からイモをもらったりして、世話になったんです。慰霊の旅で鹿角を訪ねると、ぼくらを歓迎してくれました」

大橋さんは戦地から持ち帰った水筒と飯盒と雑嚢を見せてくれた。「肌身離さず使っていたものです」と言いながら、古びた水筒と飯盒に、長年の野良仕事で節くれだった指で何度も触れていた。

第三章

赤紙を配る、赤紙が来る

兵隊に取られる

戦前・戦中の日本で、軍隊へ入るには四通りの方法があった。①現役兵、②召集兵（応召兵）、③志願兵、④武官である。①は徴集、②は召集の義務に応じて入隊するものであり、③と④の場合は、徴集や召集をされる前に志願して入隊するものであった。

そのうち④武官は、陸軍士官学校や海軍兵学校などを卒業して将校となる、いわゆる職業軍人のコースだった。職業軍人としてはほかに下士官もあり、現役兵や志願兵で現役期間満了時に志願した者のなかから選抜されてなることが多かった。

徴兵制のもと、当時の人びとは軍隊に入ることを、「兵隊に取られる」「軍隊に取られる」とも言い表した。一旦入営すれば、上官の命令には絶対服従という兵役に服さなければならない。古年兵（古参兵）によるビンタなど私的制裁の暴力、初年兵いじめにも耐えなければならない。

それまでの生活のなかにあった自分の時間を奪われ、人生の一部を軍隊に取られる。そして、戦場で手足を失ったり、いのちまでも奪われることがある。兵士の家族にとっては、

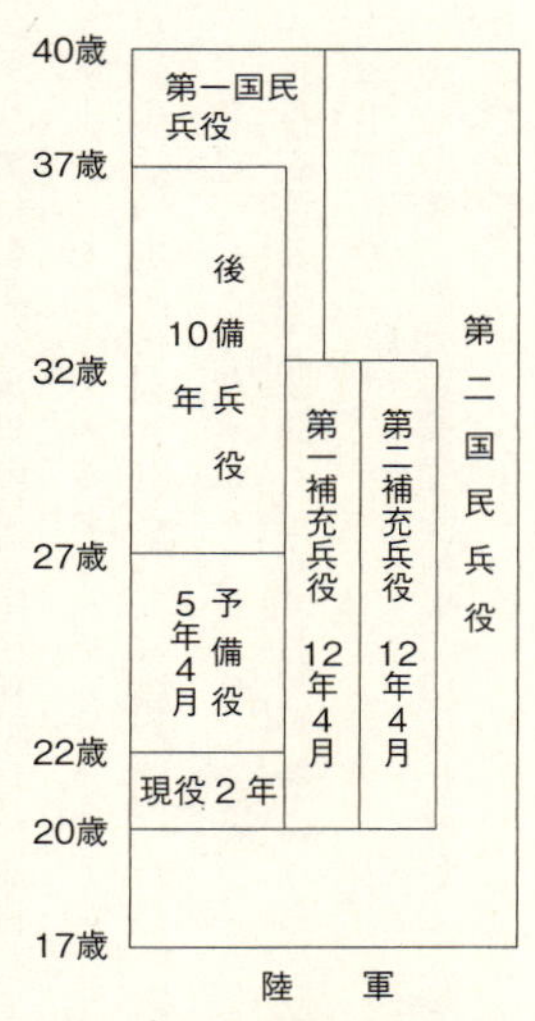

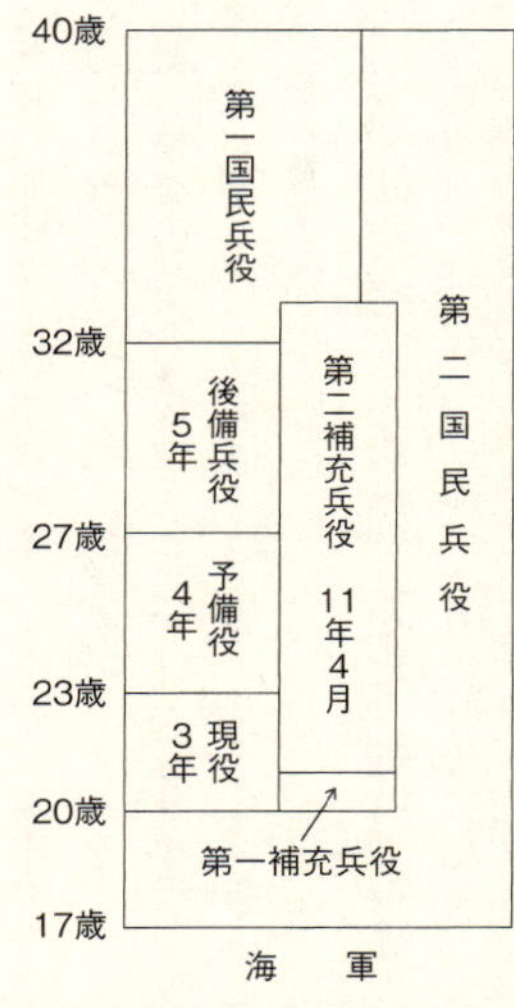

兵役の関係と年限（昭和２年）（『事典　昭和戦前期の日本　制度と実態』伊藤隆監修、百瀬孝著、吉川弘文館、1990年）

息子や兄弟や夫を取られることでもある。家庭は頼もしい働き手や一家の大黒柱を取られることになる。

こうした実態から、人びとは「兵隊に取られる」「軍隊に取られる」と受け身形の言葉を使わざるをえなかったのにちがいない。

召集兵とは召集令状によって入隊を命じられた者をいう。召集令状はその令状の色から赤紙と呼ばれた。召集の対象者は、現役を終えた予備役、それを終えた後備兵役、後備兵役を終えた第一国民兵役、現役入隊しなかった第一・第二補充兵役、現役としては徴集対象外の第二国民兵役で、総称して在郷軍人という。

かれらは社会で様々な仕事に就いてふだんの生活を送りながらも、赤紙が届くと、突如、日常生活の場から引き離され、家族を後に残して軍隊に入らなければならなかった。

兵役法では、男性で満一七歳から四〇歳まで（昭和一八年の兵役法改正後は四五歳まで）が兵役義務のある期間と定めており、そのうち一七歳から二〇歳までの間は第二国民兵役とされていた。

満二〇歳での徴兵検査の結果、現役兵として入隊した場合、現役の期間は陸軍で二年、海軍で三年だった。

その現役の期間を終えて除隊したのちは、陸軍で五年四カ月、海軍で四年の予備役として兵役に服す。その後は陸軍で一〇年、海軍で五年の後備兵役として服す。さらに、その後は四〇歳までの間、第一国民兵役として服す。そして、ようやく兵役を終える。

徴兵検査の結果、現役兵としては入隊せず、現役兵に欠員が出た場合の補充要員となる第一補充兵役は、陸軍で一二年四カ月、海軍で一年（その後、第二補充兵役として一一年四カ月服す）の兵役に服す。

また、現役兵として入隊はせずに、戦時の召集の対象となる第二補充兵役は、陸軍で一二年四カ月、海軍で一一年四カ月の兵役に服す。それから四〇歳までの間、第二国民兵役として服した後、兵役を終える。

徴兵検査の結果、現役としては徴集対象外で国民兵役に服することになった者は、その後もずっと第二国民兵として四〇歳まで兵役に服した。

このように、兵役の義務は一七歳から四〇歳までの二三年間にも及んだのである。召集の対象となる男性たちも、その家族も、ほとんどの場合、赤紙が来ることを内心恐れていたにちがいない。しかし当時は、召集されて出征するのは名誉なことと見なされていた。だから、表向きは勇んで召集に応じる姿勢を見せなければならなかった。赤紙を受け取って軍隊に入る者は、応召員と呼ばれた。

病気や事故などの正当な理由なく召集に応じなかった者には、陸軍召集規則第二一八条により、「拘留又ハ科料ニ処ス」と罰則が適用された。

西邑さんが残した「在郷軍人名簿」

召集の対象となる在郷軍人の名簿を「在郷軍人名簿」という。各市町村の兵事係が作成し、保管した。「在郷軍人名簿」は召集の基本台帳ともいうべき重要書類で、本人の氏名、生年月日、戸主または家族もしくは召集通報人の住所、本籍地（寄留地）、軍歴、兵種、職業、特有技能、健康程度などを兵事係が調べて記入した。

それは必ず二部作成し、一部を軍（各地の連隊区司令部)に提出した。それを元に連隊区司令部で独自の書式の「在郷軍人名簿」がつくられた。各市町村の「在郷軍人名簿」の記載変更に関しては、軍による定期的な点検があった。召集対象者の人数、氏名、所在地、個々人の特性などを常に把握し、召集の態勢を整えておくためだ。それは軍が動員可能な戦力を把握することでもある。この「在郷軍人名簿」の存在は軍事機密として極秘にされていた。

召集と動員

陸軍召集規則によると、召集には六種類あった。

①充員召集　動員にあたり諸部隊の要員を充足するため、在郷軍人を召集すること。
②臨時召集　戦時または事変に際し必要ある場合に、在郷軍人を召集すること。もしくは平時において警備その他必要により帰休兵または服役第一年次の予備兵を召集すること。
③国民兵召集　戦時または事変に際し国民兵を召集すること。
④演習召集　勤務演習のために在郷軍人を召集すること。
⑤教育召集　教育のため第一補充兵を召集すること。

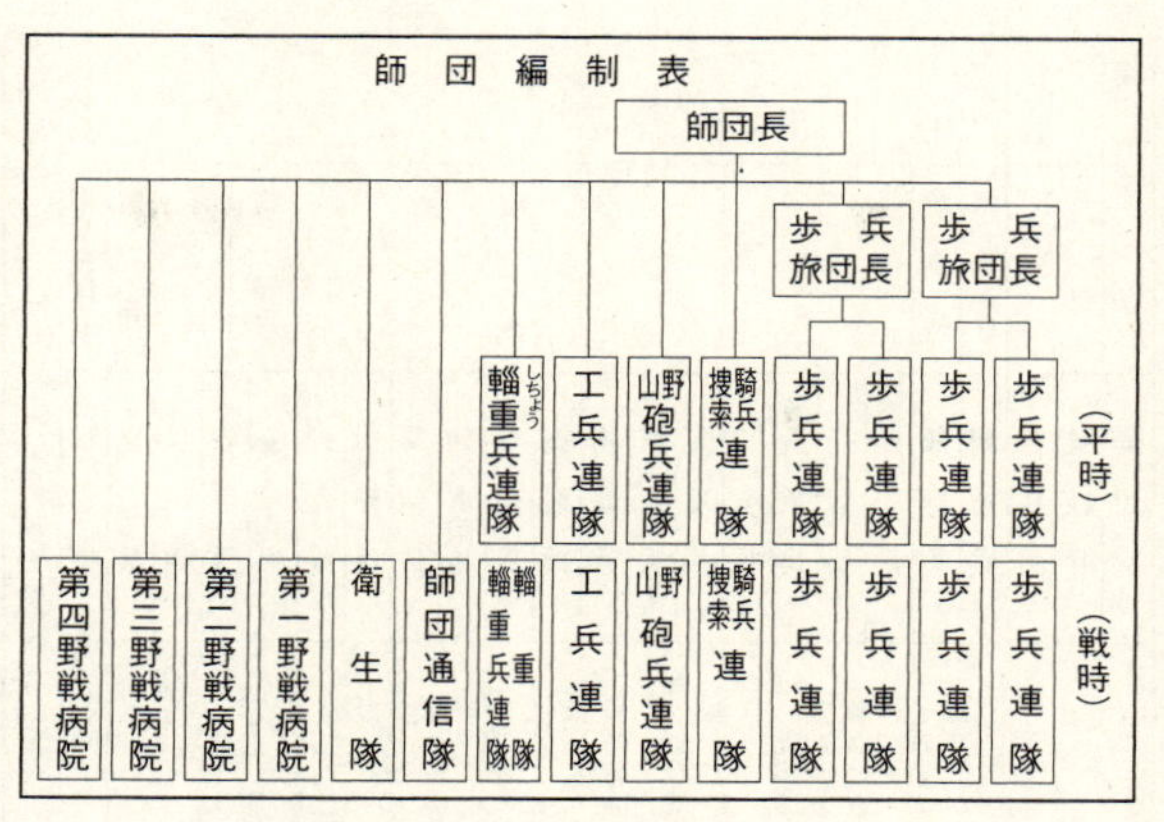

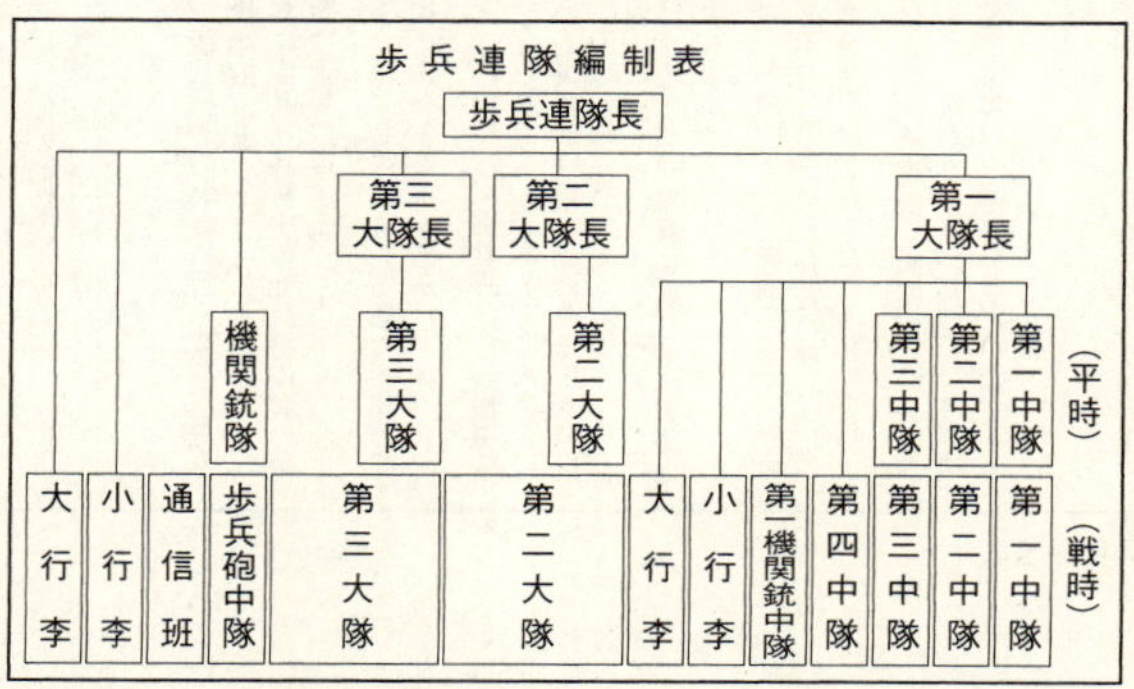

師団編制表と歩兵連隊編制表（「帝国陸軍の組織と制度」山崎正男執筆、『昭和日本史6　帝国陸海軍』小山内宏編集指導、暁教育図書、1977年、65-66ページ。次ページの表も同じ）

兵種一覧表

兵科部	旧兵科区分	兵種
兵科	憲兵	憲兵
	歩兵	歩兵
		戦車兵
	騎兵	騎兵
	砲兵	野砲兵
		山砲兵
		騎砲兵
		野戦重砲兵
		重砲兵
		高射兵
		迫撃兵
		情報兵
		気球兵
	工兵	工兵
		鉄道兵
		通信兵
		船舶兵
	航空兵	飛行兵
	輜重兵	輜重兵
技術部		兵技兵
		航技兵
衛生部		衛生兵

備考

一　本表は、徴兵検査のときに行う兵種区分を示し、服役中原則としてこれを変更しない。ただし憲兵に限り、兵科中の他兵種の者の中から、志願により採用する。

二　武官の場合は、命課によって他の兵種の部隊へ配属換えになることがある。

三　本表の兵種の中には、旧兵科区分の撤廃後に新たに設けられたものがある。この場合には、もっとも関係が深いと思われる旧兵科区分の範囲に入れておいた。

四　気球兵は、もと、航空兵に属していたが、あとで砲兵に変わった。

五　戦車兵は、創設のとき、騎兵のほとんど全部と歩兵の小部分が当てられた。その結果、騎兵は近衛騎兵だけとなった。

六　本表のほかに、経理部、獣医部、法務部、軍楽部があり、軍楽部の兵は志願により採用し、その他の部には、兵はいなかった。

兵種一覧表

⑥補欠召集　在営兵の補欠を必要とするとき臨時帰休兵を召集すること。

これらは、戦争や事変（宣戦布告なしの武力行使）すなわち有事（戦時）における召集と、有事ではない平時における召集の二つに大別できる。①充員召集、②臨時召集、③国民兵召集が有事の召集で、④演習召集、⑤教育召集、⑥補欠召集が平時の召集である。

一九四二年には、戦時または事変に際し防衛上必要ある場合に在郷軍人を召集する⑦防衛召集の制度も設けられた。防衛召集には、防空召集と警備召集の二種類があった。

また簡閲点呼といって、予備役と後備兵役の下士官と兵を、さらに第一補充兵を、一年おきや二年おきに各地に参集させて、健康状態や軍事能力の保持などを点検し、査閲する制度もあった。

戦争や事変に際して、軍隊の平時編制から戦時編制に切り替えることを動員と呼んだ。陸軍では、平時の一個師団の兵員約一万人が戦時には約二万五〇〇〇人に、場合によっては約三万五〇〇〇人にも増員された。

平時編制では通常、一個師団に二個歩兵旅団があり、そのほかに騎兵（捜索）連隊、野（山）砲兵連隊、工兵連隊、輜重兵連隊が各一個あった。一個歩兵旅団は二個歩兵連隊から成り、一個歩兵連隊は三個大隊と一個機関銃隊から成っていた。一個大隊には三個中隊があり、一個中隊の兵員数は約一〇〇名だった。

それが戦時編制では、一個中隊の兵員数が約二五〇名に増えるうえに、別に約二五〇名の中隊が一個増設されたので、一個大隊は四個中隊となる。さらに大隊の下に機関銃中隊と大行李・小行李が増設された。大行李は食糧と被服の、小行李は弾薬と衛生材料などの輸送隊である。そして、歩兵連隊には歩兵砲中隊と通信班と大行李と小行李が増設された。さらに師団に、師団通信隊、衛生隊、第一〜第四野戦病院が増設された。

このように動員によって戦時編制になると、当然、平時編制の現役兵（初年兵と二年兵）だけでは足りなくなるので、「在郷軍人名簿」を元に在郷軍人のなかから人選して召集しなければならない。

そのために、仮に戦争や事変が起きて各師団が動員する場合に必要となる増員分の人数を決めておき、陸軍参謀本部が動員計画を毎年度立てるのである。

召集の仕組み

元陸軍少将で、参謀本部総務部第一課動員班や陸軍省兵務局兵備課長（兵役、動員）など、動員計画の立案・実施に関する役職を歴任した山崎正男氏の「軍動員関係事項の概説」（『国家総動員史』上巻、石川準吉著、国家総動員史刊行会、一九八三年所収）によると、毎年四月一日にその年度の動員計画を発足させるためには、「年度陸軍動員計画令」を半年前の前年九月に制定しなければならなかった。従って、参謀本部による「年度陸軍動員計画令」案を参謀総長が陸軍大臣に提示し、協議がまとまれば、陸軍大臣が天皇に上奏し、勅裁（允裁（いんさい））を仰いだ。大日本帝国憲法第一一条に、「天皇ハ陸海軍ヲ統帥ス」と定められていたからである。その勅裁を仰ぐのは、毎年八月だった。こうして勅裁すなわち天皇の裁可を得たうえで、「年度動員計画令」は制定施行された。

「年度陸軍動員計画令」において、各師団の動員兵員数を決めるときは、各師団の配属部隊に在営（在籍）している現役の将校・下士官・兵の人数と、各師団の師管（師団管区）内に本籍を有する在郷軍人の人数を把握して考慮した。仮に師管内の在郷軍人だけでは充足できそうにない場合は、他師団の師管内の在郷軍人から必要な人数を融通した。

このように動員計画における人員充足の第一歩は、在営人員と在郷軍人の調査である。このうち在営人員は平時編制によって決まっているから、これを基準にして計画すればよい。

在郷軍人については、毎年所定の期日（春季）に、本籍の連隊区司令部が調査し一定の様式をもって順序を経て陸軍省に進達する。陸軍省は、各師団ごとに動員部隊に必要とする在郷軍人の人員と、師管内に本籍を有する者の実数とを比較し、有無相補うように彼此融通の計画をたて、これを年度陸軍計画令をもって示達する。

各師団は、在営人員、師管内に本籍を有する在郷軍人（各連隊区ごとに把握する必要がある）、ならびに前記により陸軍大臣から融通を受けた人員（中略）をもって動員部隊の人員を充足すべく計画を立てる。（「軍動員関係事項の概説」、『国家総動員史』上巻、一八〇〇頁）

全国に五九あった各連隊区の司令部は、徴集管轄下の各市町村の兵事係に「在郷軍人名簿」を作成させ、提出させており、それを元にして連隊区内の在郷軍人の数を陸軍省に定期的に報告していた。

「年度動員計画令」は各師団司令部を経て各連隊区司令部に通達される。連隊区司令部は割り当てられた召集人員に合わせて、「在郷軍人名簿」から人選し、召集予定者の召集令状を作成した。

それが、動員時に諸部隊の要員を充足するために在郷軍人を召集する充員召集令状である。各市内に本籍がある者の召集令状は各市長に、各町村内に本籍がある者の召集令状は各町村を管轄する各警察署長のもとで厳重に保管された。

そして戦争や事変に際し、参謀本部で決められた作戦に必要な動員案が、参謀総長から陸軍大臣を経て天皇に上奏され、勅裁を受けた後、陸軍大臣から動員下令があり、動員される師団の師団長に電報で伝達された。師団司令部からは連隊区司令部へと電報で伝達され、連隊区司令部からは市役所と警察署に電報で伝達された。

　すると、市役所の兵事係は応召員に召集令状を交付した。また、町村役場には警察署から電話で「動員令予報」が伝えられ、その後、警察官が召集令状を役場に届けた。召集令状は山型の朱線に「秘」印入りの軍用封筒に入っていた。そして、町村役場の兵事係が応召員に召集令状を交付した。赤紙は軍と警察と地方行政当局が緊密に連携して配られてい

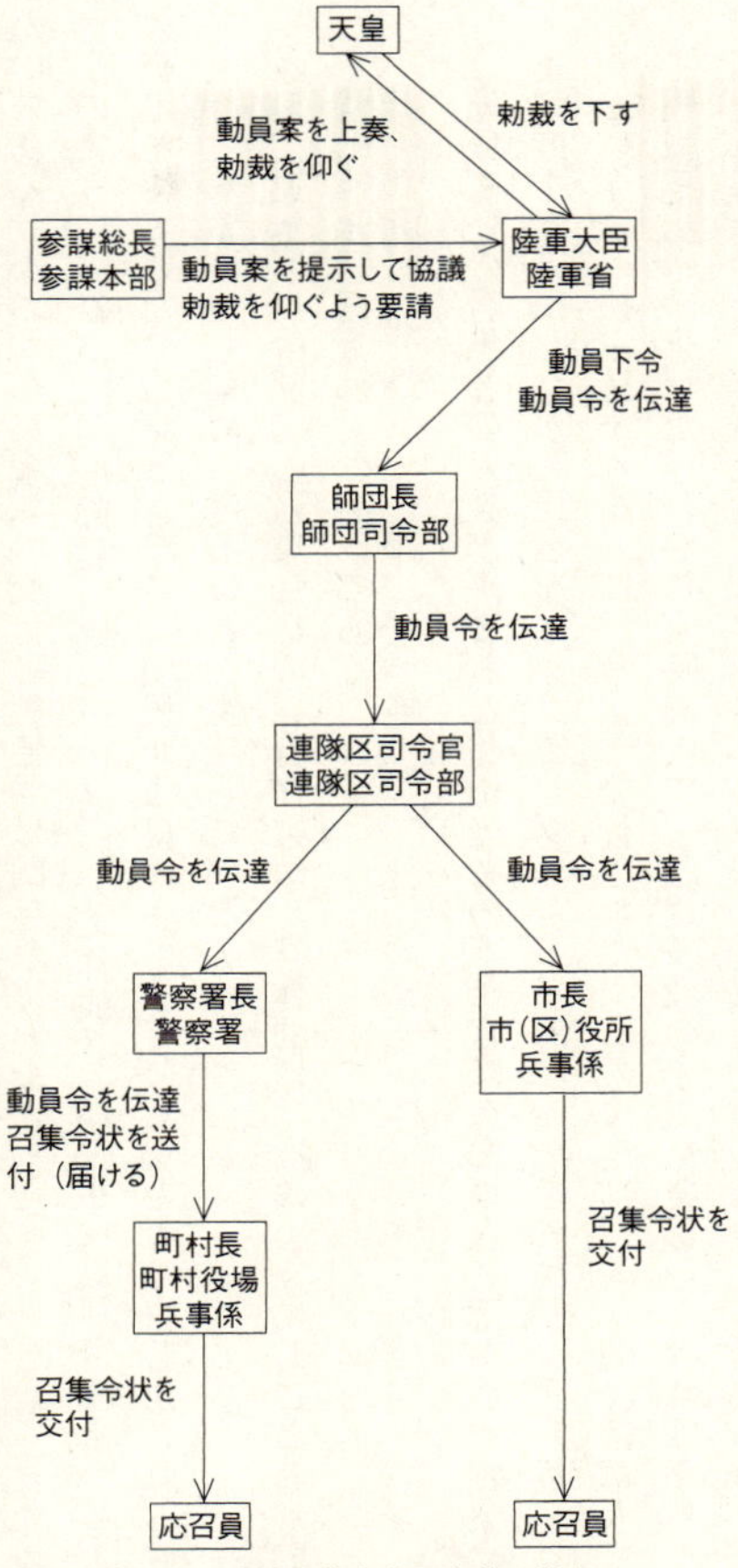

天皇
動員案を上奏、
勅裁を仰ぐ
勅裁を下す
参謀総長
参謀本部
動員案を提示して協議
勅裁を仰ぐよう要請
陸軍大臣
陸軍省
動員下令
動員令を伝達
師団長
師団司令部
動員令を伝達
連隊区司令官
連隊区司令部
動員令を伝達
動員令を伝達
警察署長
警察署
市長
市（区）役所
兵事係
動員令を伝達
召集令状を送
付（届ける）
町村長
町村役場
兵事係
召集令状を
交付
召集令状を
交付
応召員
応召員

動員下令による充員召集令状の交付の仕組み

たのである。なお、召集令状の交付に郵便局は関与していなかった。

このように赤紙は「年度動員計画令」に基づいて作成され、「年度動員計画令」は天皇の裁可を得ていた。召集とはまさに国民が天皇の名のもとに兵士として召し出される、召し上げられる、召し集められることを意味していた。

なお、連隊区司令部での召集令状の発行作業は、具体的には次のようにおこなわれていた。富山連隊区司令部での実例である。

地域ごとの召集者の人数が決まると、担当者の下士官は在郷軍人名簿から、特業や徴集年度を参考にしながら氏名をピックアップして、名簿に赤紙を一枚ずつ挟み込んでいった。赤紙が挟み込まれた人に、令状が発行された。この決定は、基本的には軍人である担当下士官が行った。しかし臨時編成で、急遽多数の赤紙を発行しなければならない場合も多かった。赤紙発行にはタイムリミットが厳しく決められている。決められた日に、兵士全員が部隊に入隊していなくてはならない。大規模な臨時動員が実施されたときは、軍属、雇員もいっしょになって、召集者の決定を行ったという。与えられた条件を満たす在郷軍人を名簿からピックアップするという、きわめて事務的な作業で赤紙は作られていった。

名簿に挟まれた赤紙には、氏名、入隊部隊と日時などが記入され、各警察署に職員が持参して届けたという。また時間がないときは、〔富山〕県内各地の警察署員が車を飛ばして、受け取りに来た。（『赤紙』小澤眞人＋NHK取材班著、創元社、一九九七年、一五六〜一五七頁）

真夜中に来る赤紙

西邑仁平さんに召集令状の交付について話を聞いた。

「赤紙は昼夜の別なく来ましたが、来るのはなぜか夜間が多かったです。軍事機密に関わるからでしょうか。虎姫警察署から「動員令予報」の電話があり、役場の宿直の使丁（小使）が自宅に知らせにくると、すぐに役場に行きました。村長と兵事係と書記と収入役が役場に集まって、警察官が赤紙を届けにくるのを待ち、それが届くと「在郷軍人名簿」と照らし合わせて氏名など間違いがないか確認するんです。人の命がかかっているので、間違いがあってはいけません。何回も見直して、とても神経を使いました。兵事係の責任は重大なんです」

「そして、自転車に乗って赤紙を届けました。大阪や京都に出稼ぎや丁稚奉公に行っている人も多かったので、本人がいないときは家族が受け取りました。本人には家族が電報などで知らせるようにしていたんです。赤紙を朝、配るときもあり、本人が家にいなくて田や畑に出ていれば、そこまで行って渡したものです」

「また、私だけでは配りきれないので、信頼できる青年団員にも赤紙を配る使者の役目を頼みました。「動員令予報」があると、前もって決めてある村内令状配達区域の青年団の若者を役場に呼び集めたんです。そして自転車で配達させました」

「ただ、家によっては何人も召集された家もあります。だから、すでに出征者のある家や戦死者が出ている家には、必ず私が届けるようにしました。やはり気の毒でしたから……。出征した五人の息子さんのうち三人が戦死した寺田利兵衛さんの家に赤紙を届けたとき、本人が不在で代わりに利兵衛さんが受け取り、「そうですか、また来ましたか」とじっとうつむいて、ぽろっと涙を落とされたこともありました。あのときは、こっちまで泣けてきました……。どの家も働きざかりの息子や夫を軍隊に取られて、戦争で命までも取られるかもしれないのですから。赤紙というのはただ簡単に渡せるものじゃないんです。赤紙を配るのはつらいことでしたが、国のため、役目だと思ってやりました」

そう西邑さんは語るうちにうつむいて、沈んだ表情になった。

西邑さんが密かに残した兵事書類のなかで、赤紙すなわち召集令状の交付に関する書類は少ない。敗戦のときに、虎姫警察署から「軍の命令なので、召集事務の重要書類は虎姫警察署に持参し、その他は役場で二四時間以内に焼却せよ」との命令を受けて、召集関係の書類はほとんど持っていったからだ。

「それらは警察署の武道場に置いてきました。そこには周辺の町村から運ばれてきた召集関係の書類がうずたかく積まれていました。警察が後で焼却したのでしょう」

そのとき持っていった分から漏れて、わずかに残ったのは、「陸軍召集ニ関スル書類」（明治三七年・三八年）、「動員手簿」（明治三七年）、「動員ニ関スル書類綴」（昭和七年）、「動員日誌」（昭和七年）、「動員ニ関スル発来翰綴」（昭和五年〜十三年）、「召集令状受領証」「動員実施業務書」「宿直吏員業務書」「充員召集実施業務書」「在郷軍人名簿」「使者心得書」「配達区域要図」「村内巡視心得書」などである。

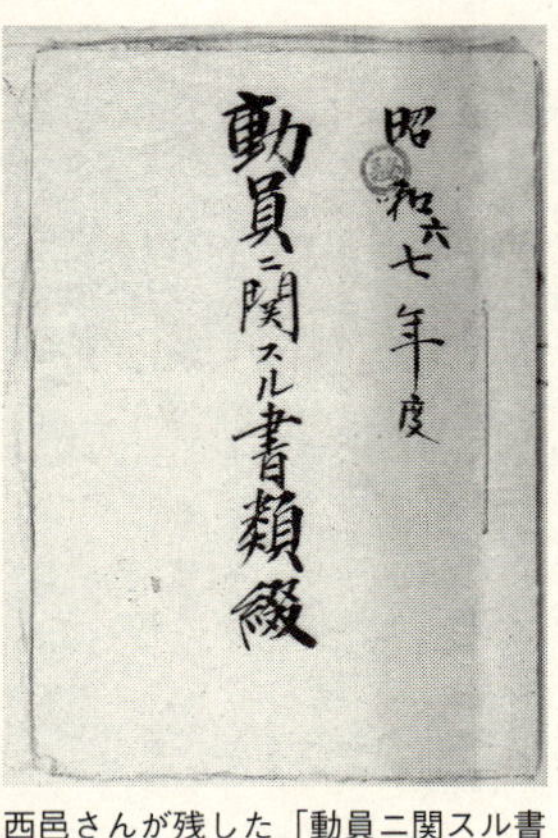

西邑さんが残した「動員ニ関スル書類綴」

動員の克明な記録

召集令状の交付に関する記録が、「動員ニ関スル書類綴」と「動員日誌」である。「動員ニ関スル書類綴」の表紙には、朱色の㊙の印が押されている。わずかに一九三二（昭和七）年の分だけが残され、同年二月三日に一〇通、二月二四日に二通、召集令状を交付したときの記録が克明に記され

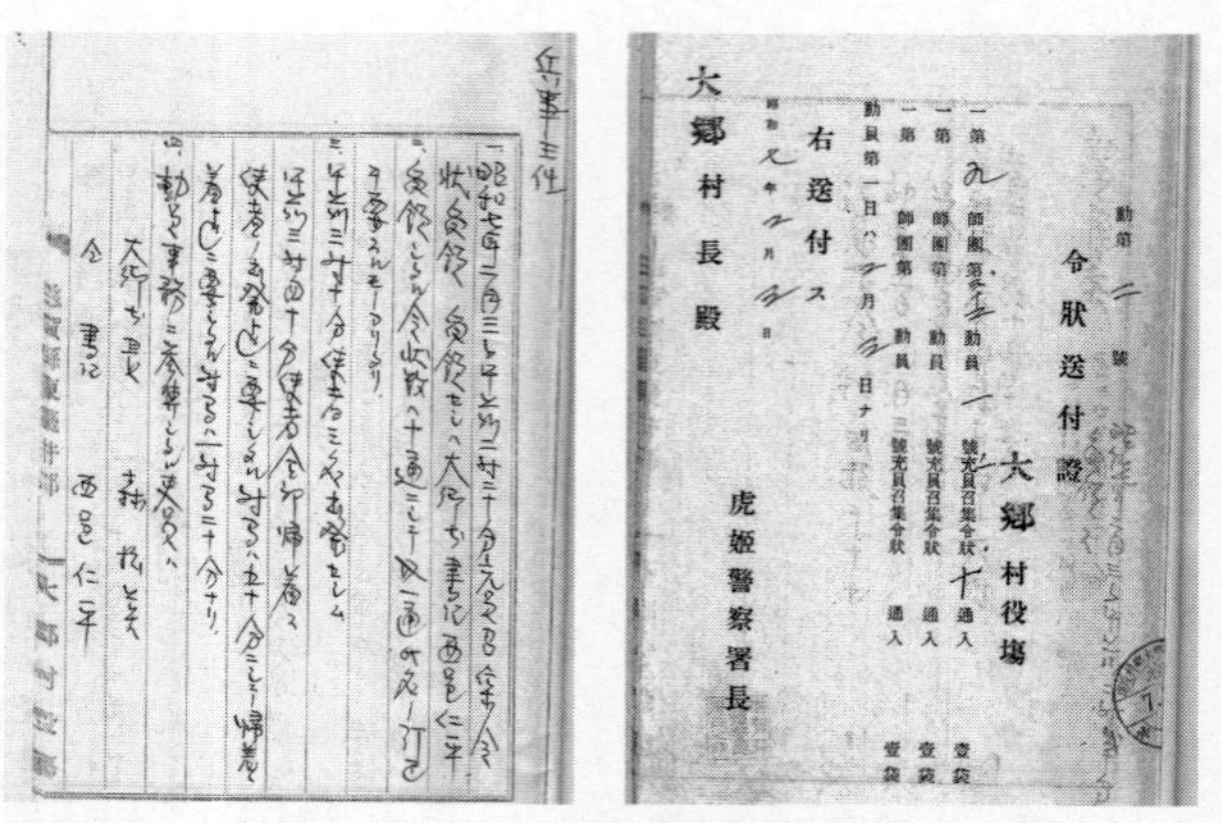
動第二號

令狀送付證

大郷村役場

一 第九師團第三十五動員 一號充員召集令狀 十通入 壹袋

一 第 師團第 動員 號充員召集令狀 通入 壹袋

一 第 師團第 動員 號充員召集令狀 通入 壹袋

動員第一日ハ 月 日ナリ

右送付ス

昭和七年二月三日

虎姫警察署長

大郷村長殿

「動員ニ関スル書類綴」に綴じられた召集令状の送付証。昭和７年２月３日に、虎姫警察署から大郷村役場に届けられた赤紙に添えてあったもの（右）。「動員日誌」の昭和７年２月３日の召集令状交付の記録（左）

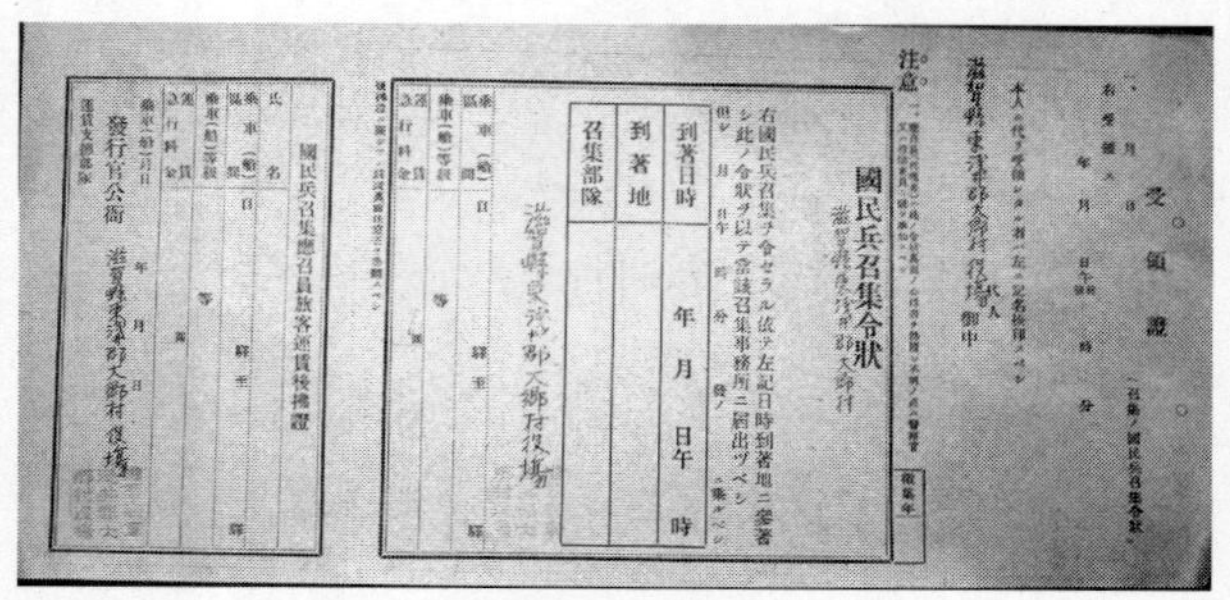
受領證

國民兵召集令狀

右國民兵召集ヲ令セラル依テ左記日時到著地ニ參著シ此ノ令狀ヲ以テ當該召集事務所ニ屆出ヅベシ

到著日時	年 月 日午 時
到著地	
召集部隊	

滋賀縣東淺井郡大郷村役場

國民兵召集應召員旅客運賃後拂證

氏名

發行官公衙 滋賀縣東淺井郡大郷村役場

国民兵召集令状（赤紙）（西邑仁平さん提供）

ている。それは西邑さんが一九三〇年一月一一日付けで兵事係に任命されてから、初めての召集令状の交付すなわち動員実施業務だった。

「動員日誌」には、「二月三日午前〇時三十分、虎姫警察署ヨリ動員令ノ予報ヲ受ク」と書かれている。その「動員令予報」の内容は、「動員ニ関スル書類綴」に綴じ込まれた一枚の紙にこう書かれている。

動員予報　二月二日午後十時三十五分。送話者敦賀連隊区村山大尉、只今動員ヲ令セラル。動員第一日ハ二月三日。注意、本令ハ秘ノ取扱ヲナセ。三日、午前〇時三十分。

それは、虎姫警察署の渡辺駐在巡査（曽根駐在所）からの電話をメモしたものだ。この「動員令予報」のあと、虎姫警察署から警察官が、山型の朱線入りの軍用封筒に入った召集令状を持ってきた。村長宛ての送付証が同封され、令状の数などが記されていた。

「動員日誌」には続いて次のように書かれている。

一、昭和七年二月三日午前二時二十分、充員召集令状受領。受領セシハ大郷村書記西邑仁平。

二、受領シタル令状ハ十通ニシテ、一通氏名ノ訂正ヲ要スルモノアリタリ。

動第一號
昭和七年二月三日　東淺井郡大郷村長
警察署長殿

令狀發送交付終了通知書（召規第五十二條）

動員令（令狀）ヲ受ケタル年月日時	令狀ノ發送ヲ終リタル日時	令狀ノ交付ヲ終リタル日時	發送シタル令狀ノ數	交付シタル人員	交付不能令狀數
昭和七年二月三日午前二時三十分	二月三日午前三時十分	二月三日午前三時四十分	一〇	一〇	ナシ

「動員ニ関スル書類綴」に綴じられた召集令状の「令状発送交付終了通知書」の控え。昭和7年2月3日に赤紙を配ったときのもの

三、午前三時十分使者三名出発セシム。
午前三時四十分使者全部帰着ス。
使者ノ出発迄ニ要シタル時間ハ五十分ニシテ、帰着迄ニ要シタル時間ハ一時間二十分ナリ。

召集令状は迅速、正確に配らなければならないため、配達する使者の出発までの準備にかかった時間と、配達に要した時間も記録したのである。動員事務への参加者は、村長、収入役、書記など、兵事係の西邑さんを入れて七人だった。そのほかに、召集令状を配った三人の使者（青年団員）の住所氏名も書かれている。

召集令状は縦一五センチ、横三〇センチほどの大きさで、応召員の氏名、本籍のある道府県郡名と市町村名、役種（兵役の種類）、兵科（兵種）、官等級（階級）、召集部隊名、到着地（召集部隊の所在地）、到着日時（入隊の日時）が記されている。そして、こう書かれている。

右充員（臨時）召集ヲ命ゼラル依テ左記日時到著（トウチャク）地ニ参著シ此ノ令状ヲ以テ該当召

集事務所ニ届出ズベシ。

応召員はその赤紙を受け取ると、右端の受領証に受領日時を書き、署名捺印する。本人が不在のときは家族が受領して、本人に連絡する。受領証は使者が切り取り、その綴を兵事係が保管した。

召集令状を配り終えると、村長は警察署長に「令状発送交付終了通知書」を提出しなければならなかった。「動員ニ関スル書類綴」にあるその通知書の控えには、こう記入されている。

動員令（令状）ヲ受ケタル年月日時、昭和七年二月三日午前二時二十分。令状ノ発送ヲ終リタル日時、二月三日午前三時十分。令状ノ交付ヲ終リタル日時、二月三日午前三時四十分。発送シタル令状ノ数一〇。交付シタル人員一〇。

「動員日誌」と「動員ニ関スル書類綴」に記された簡潔な文からは、動員業務を厳密に手順通りに遂行しなければならないという緊迫感が伝わってくる。

動員は軍にとって、平時編制から戦時編制に切り替え、戦闘態勢を整えるための兵力増強であり、極めて重要だった。警察と市町村は動員が滞りなくおこなわれるために、いわば軍の手足となって動員実施業務にあたった。

表紙に朱色の㊙印がある「動員実施業務書」や「宿直吏員業務書」には、警察より「動員令予報」を受けてから、兵事係が召集令状を受領し、氏名などを「在郷軍人名簿」と照らし合わせて確認し、配達し終わるまでの一連の業務が、事細かく順序立てて書かれている。まさに召集令状交付のマニュアルである。その冒頭には「使用ノ目的」としてこう注意書きされている。

本書ハ動員下令ニ際シ常識ニ依リ処理スルコト無ク、本書ヲ克ク熟読シ逐条的ニ確実ニ其ノ事務ニ従事スルノ要ニ供ス。

「動員日誌」には、二月三日に続いて二四日にも充員召集令状を二通、虎姫警察署より午前二時二一分に受領し、午前二時二五分に使者一人を出発させ、二時四〇分には赤紙二通を配り終えた使者が役場に帰着した、と記されている。さらに、二月二九日にも召集令状一通が交付されたと、記録にある。

赤紙を配る使者

赤紙の配達が極めて重大な務めだったことは、兵事書類に含まれていた「使者心得書」の内容からもわかる。それは召集令状を配る使者のための心得を箇条書きにしたもので、一三カ条からなる。

一　此用務ハ最モ重大ナルコトヲ忘レテハナラナイ。

二　持ッテ居ル令状等ハ最モ大切ナルモノデアルカラ、途中他人ニ見セタリ汚シタリシテハナラナイ。

三　途中病気或ハ怪我等デ此用務ヲ完ウスルコトガ出来ナイト思ッタ場合ハ、最寄ノ巡査駐在所区長等ニ頼ンデ代人ヲ立テテモライ、令状其他総テノモノヲ引継ギ且行先其他必要ナコトヲ申送ラネバナラナイ。

四　途中乗物ガ破損シテ急ニ修繕ノ出来ナイ様ナ場合ニハ、直グ下リテ少ナクモ一時間四粁(キロ)(一里)以上ノ速サデ行カネバナラヌ。

五　令状ハ本人ニ渡サネバナラヌ。本人が不在ノ場合ハ、満二十歳以上ノ人デ左ノ順序ニ渡スコト。

イ戸主　ロ本人又ハ戸主ト同一世帯内ニアリテ家事ヲ担当スル者。

六　付箋ヲ貼ッテアル令状ハ、付箋ニ書イテアル人ノ宅ニ持テ行キ戸主ニ渡サネバナラヌ。戸主不在ノ場合ハ、戸主ト同一世帯内ニアリテ家事ヲ担当スル満二十歳以上ノ人ニ渡サネバナラヌ。
七　子供許（バカ）リカ又ハ全戸不在デ令状ヲ渡スコトノ出来ナイ様ナ場合ハ、持ッテ居ル告知票ヲ入口ノ見易イ処ニハリツケ、近所ノ人ニ其事ヲ伝エテモラウ様ニ頼ンデ置クコト。
八　伝染病等デ立入禁止ノ区域内ノ人ニ令状ヲ渡スニハ、其付近ヲ監視スル人ニ頼ンデ渡シテモラエ。
九　令状等ハ可成（ナルベク）五分以内ニ渡ス様ニ心掛ケネバナラヌ。
十　代人ガ受取ル場合、字ノ書ケナイ様ナトキハ代書シテ印ヲモラエ。
十一　途中強奪等ニ遭ッタ様ナ場合ハ、死力ヲ尽クシテ令状等ヲ守ラネバナラヌ。
十二　令状ヲ渡シ終ッタラバ、直グ役場ニ帰ッテ係ノ人ニ報告セネバナラヌ。
十三　此ノ用務ノ終ル迄ハ、他人ノ用事ヲ頼マレタリ自分ノ用向ヲ弁ジタリシテハナラナイ。

このように厳重な「使者心得書」を、使者に選ばれた青年団員は熟読し、肝に銘じなければならなかった。「動員実施業務書」にも、使者が赤紙配達に役場を出る前に、「使者心得書」の内容をあらためて説き聞かせることと書いてある。

一九四一年一二月に始まったアジア・太平洋戦争の最中、使者として赤紙を配ったことのある西尾保男さんに話を聞いた。西尾さんは一九二七（昭和二）年生まれで、当時一七歳。西邑仁平さんの親戚にあたり、青年団員としても信頼されていた。

「確か二、三回配った記憶がありますが、はっきり覚えているのは一軒ですね。もう真夜中で、家で寝ていたら、当時は各家に電話などなかったので、役場の小使さんが「召集令状を配るために役場まで来てくれ」と知らせにきました。私は大急ぎで青年団員服（当時の国民服と同様の）に着替え、自転車で役場に駆けつけました。そして西邑仁平さんから赤紙を託され、それを紺色の雑嚢（かばん）に大切に入れて担ぎ、自転車で出発しました。やはり緊張していましたし、赤紙を配るのはお国のための仕事だと使命感も感じていました。その当時は、一番の大事なことだと思っていたんです。西邑さんからは、自転車は全速力で走らせ、途中で誰かに話しかけられても、決して応じてはならないし、自転車を停めてもいけない、と注意されていました」

配達先の家は、西尾さんと同じ大字の川道地区にあり、近くにほかの家もなく一軒家だった。街灯もなく、辺りは真っ暗だった。その家の明かりも消え、寝静まっていた。西尾さんが玄関の戸を叩き、「今晩は、今晩は」と大きな声で何度も呼ぶと、返事があったので、「召集令状を持ってきました」と告げた。

「しばらくして、玄関に夫婦で出てきました。それまでかなり時間がかかったのを覚えています。二人とも平服に着替えていました。やはりただごとではないと、赤紙を受け取るときは寝巻姿ではいけないと思ったのでしょうか。若い夫婦でした。受領証に判子を押してもらいましたが、その人がどんな表情で、どんな言葉を口にしたかまでは覚えていません。私もまだ一七歳で独身でしたから、ただ使命感だけで配っていたわけで、家庭を持っている人が召集されるときの、その夫と妻の複雑な気持ちには思いが及びませんでした。いまなら、「まことにご苦労さまですが」のひと言くらい言えますが、あのときは、ただ、「召集令状を持ってきました」とだけ言って手渡したんです……」

ひと言ひと言かみしめるようにして語る西尾さんの言葉から、戦時下の張りつめた夜の気配がにじみだし、突如舞い込んだ一枚の赤紙を前に黙す、ひと組の夫婦の影が浮かび上がってくるようだった。

上海事変での召集

昭和七年の「動員日誌」と「動員ニ関スル書類綴」に記されていた、召集令状の交付記録は、上海事変のときのものだ。第一次上海事変ともいい、一九三二年一月二八日の日本海軍陸戦隊と中国第一九路軍による市街戦から始まった。

上海事変は、前年の九月一八日に起きた満州事変と同じように、日本軍が謀略を仕掛けて起こした戦争である。傀儡(かいらい)国家としての「満州国」樹立工作から世界の関心をそらせるとともに、上海で強まっていた抗日運動を叩くのが目的だった。その経緯は『日本の歴史

20　アジア・太平洋戦争』（森武麿著、集英社、一九九三年）にこう書かれている。

〔満州事変後の〕中国東北戦争の勃発は中国における抗日運動を激化させた。一九三一年（昭和六）九月二二日に上海抗日救国委員会が結成され、一〇月一九日に対日経済絶交実施委員会が組織されると、徹底した対日ボイコット＝日貨排斥運動が起きた。このため上海を経済拠点とする日本の企業・商社は打撃を受けた。このような上海の情勢不安のなかで、関東軍参謀板垣征四郎大佐は満州の建国工作から国際世論の注意をそらすために、上海駐在公使館付武官補佐官田中隆吉少佐とはかって謀略を計画した。買収した中国人に日本人僧侶を襲撃させたのである。一九三二年一月一八日の夕方、日蓮宗の日本人僧侶が中国人に殺傷された。上海総領事は抗議し、日本人居留民は排日運動絶滅を軍に要請した。

一月二三日から海軍は陸戦隊を上海に派遣し、二八日にはついに日中両軍の戦闘が開始された。これが上海事変の始まりである。満州から上海へ戦火は拡大した。中国軍の抵抗は激しく、二月初旬金沢の第九師団と久留米第一二師団が増派されたが頑強な抵抗によって、さらに二月二四日参謀本部は上海派遣司令部（白川義則大将）と第一一師団、第一四師団の派遣を決定して三月初旬ようやく中国軍を抑え込んだ。（三四〜三五頁）

苦戦する海軍陸戦隊の援軍として、金沢に司令部を置く第九師団と、久留米に司令部を置く第一二師団より抽出の混成第二四旅団の派兵が決まったのは、二月二日の閣議においてだった。当時の首相は犬養毅（政友会）である。

その閣議決定を受けて、第九師団への動員令が下された。動員令は勅命すなわち天皇の命令として実施される決まりだった。参謀総長から陸軍大臣を経て天皇の勅裁を受け、陸軍大臣から師団長に伝達された。

『第一次上海事変における第九師団軍医部「陣中日誌」（十五年戦争極秘資料集補巻5）』（野田勝久編、不二出版、一九九八年）中の「陣中日誌」冒頭に、次のような記述がある。

「昭和七年二月二日午後六時二十五分第三十二動員一号ノ一下令。動員第一日ハ二月三日ナリ」

軍医が記したこの一文からは、第九師団への動員下令が二月二日午後六時二五分だったことがわかる。そして前述したように、その二月二日夜一〇時三五分には、第九師団管轄下の敦賀連隊区司令部から虎姫警察署に、「只今動員ヲ令セラル。動員第一日ハ二月三日。注意、本令ハ秘ノ取扱ヲナセ」と、動員令が下された旨、電話で伝達があったのである。

日付が変わったばかりの二月三日午前〇時三〇分には、虎姫警察署から大郷村役場に「動員令予報」の電話があり、約二時間後の午前二時二〇分には、警察官が役場に届けた召集令状——赤紙一〇通を兵事係の西邑さんが受け取った。赤紙を配る使者の出発が午前三時一〇分、配り終えた使者の帰着が午前三時四〇分だった。動員下令から、まだ九時間一五分しか経っていなかった。

そのときの赤紙こそ、上海事変での援軍のための出動で、第九師団の動員、つまり編制を平時編制から戦時編制に切り替えて一気に増員するための充員召集令状だったのである。

それらは、昭和六年度陸軍動員計画令に従って敦賀連隊区司令部で作成され、虎姫警察署に厳重に保管されていた召集予定者の召集令状だった。その昭和六年度陸軍動員計画令は前の年に天皇の裁可を受けて制定されていた。それに基づいて、第九師団を通じて割り当てられた動員時の召集人員に合わせ、すでに敦賀連隊区司令部で大郷村の「在郷軍人名簿」から召集予定者を選んでいたのだ。召集令状には、召集予定者の氏名と召集部隊名とその所在地が記入されていた。

二月二日に動員令が下された瞬間から、召集予定者は応召員とされた。敦賀連隊区司令部から動員下令の伝達を受けた警察署長は、動員第一日の日から起算して、応召員が召集部隊に到着しなければならない日時を召集令状に書き込んだ。そして、警察官が村役場に届け、兵事係の西邑さんが受け取ったのである。

「召集令状受領証」に残された文字

西邑さんが密かに残した兵事書類のなかに、そのときの「召集令状受領証」が含まれている。「敦賀連隊区司令部御中」と書かれたそれら受領証には、受領した日付けと時刻、召集部隊名と到着すべき日時などが、たとえばこう書かれている。

二月四日午後一時　歩兵第十九連隊へ召集ノ充員召集令状
右受領ス
昭和七年二月三日　午前三時十五分
二月四日午後一時　山砲兵第九連隊へ召集ノ充員召集令状
右受領ス
昭和七年二月三日　午前三時十七分
二月四日午後一時　歩兵第十九連隊へ召集ノ充員召集令状
右受領ス
昭和七年二月三日　午前三時二〇分
二月四日午後一時　歩兵第十九連隊へ召集ノ充員召集令状

右受領ス
昭和七年二月三日　午前三時二十六分

そして、それぞれ次に「予備役陸軍歩兵少尉」「予備役陸軍砲兵一等兵」「予備役陸軍歩兵一等兵」など兵種と階級が記され、その下に氏名が書かれている。氏名の下には、受領した証として判子が押されている。なお、歩兵第一九連隊は敦賀に、山砲兵第九連隊は金沢に本部があり、第九師団に属していた。

召集部隊名と兵種と階級、「年　月　日」「ヘ召集ノ充員召集令状」「右受領ス」「昭和」「敦賀連隊区司令部御中」といった文字は、すでに印刷されてあり、受領した日付と時刻、到着すべき日時、応召員の氏名だけを受領者が書き込むようになっている。

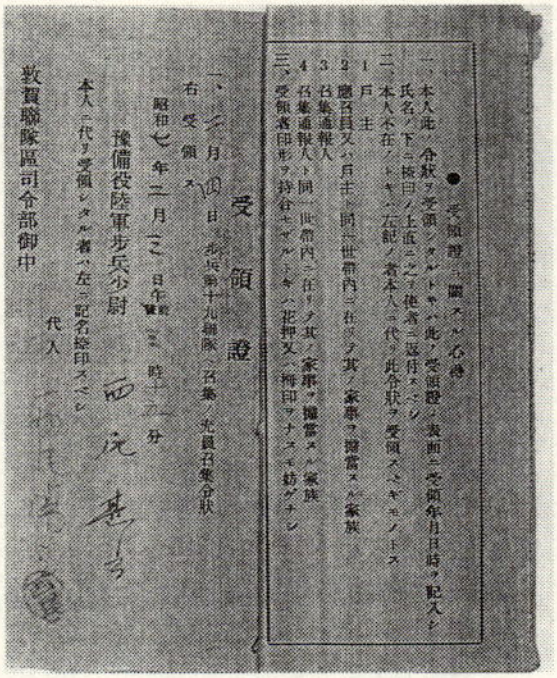
受領證ニ關スル心得
一、本人此ノ令狀ヲ受領シタルトキハ此ノ受領證ノ表面ニ受領年月日時ヲ記入シ氏名ノ下ニ捺印ノ上直ニ之ヲ使者ニ返付スベシ
二、本人不在ノトキハ左記ノ者本人ニ代リ此令狀ヲ受領スベキモノトス
1 戸主
2 應召員又ハ戸主ト同一世帯内ニ在リテ其ノ家事ヲ擔當スル家族
3 召集通報人
4 召集通報人ト同一世帯内ニ在リテ其ノ家事ヲ擔當スル家族
三、受領者印形ヲ持合セザルトキハ花押又ハ拇印ヲナスモ妨ゲナシ

受領證
一、二月四日歩兵第十九聯隊ヘ召集ノ充員召集令狀
右受領ス
昭和七年二月三日午前三時二十六分
豫備役陸軍歩兵少尉　西尾甚六
本人ニ代リ受領シタル者ハ左ニ記名捺印スベシ
代人
敦賀聯隊區司令部御中

昭和７年２月３日に配られた召集令状の受領証の綴。右は受領証の裏面。西尾甚六少尉に届いた令状の受領証

どの赤紙も昭和七年二月三日の午前三時台に次々と受け取られたことがわかる。二月二日に第九師団の出動が閣議決定、陸軍参謀本部で動員実施が決まり、参謀総長から陸軍大臣を経て天皇に動員実施が上奏されて勅裁を受け、勅命の動員令が夕方に下されて、その

直後に第九師団長に伝達され、その日の深夜、日付けが変わってしばらくした時刻に、早くも赤紙は応召員一人ひとりに届いたのである。

それは膨大かつ緻密な兵事書類の集積に基づいて、用意周到に築かれた動員・召集システムが、上は天皇から下は兵事係まで、正確に、迅速に機能した結果であった。

「召集令状受領証」には、受け取った応召員たちの筆跡が残されている。真夜中に突然届いた赤紙を手にして、受領した年月日と時刻、氏名を記したそれぞれの筆跡は、一画一画力をこめて書きつけたように見えるのもあれば、文字の線がかすかに震えたり、端が流れたりしているように見えるのもある。

「二月四日午後一時　歩兵第十九連隊へ召集」「二月四日午後一時　山砲兵第九連隊へ召集」と到着時刻が記されているように、このとき赤紙を受け取った一〇人の男たちは、それから三五時間たらず後には、召集部隊の兵営の門をくぐらなければならなかった。

ある少尉の自刃

大郷村など滋賀県北部、福井県、石川県、富山県出身の現役兵と召集兵を中心とする第九師団に、出動命令が下されたのは二月五日だった。七日、師団司令部は金沢駅から軍用列車で広島に向かった。師団の各部隊は八日と九日に広島に集結。一〇日と一一日の二回に分けて、広島の宇品港から輸送船に乗り込み、出航した。
二月一四日から一六日にかけて、第九師団は上海に上陸し、混成第二四旅団と海軍陸戦隊とともに二月二〇日から総攻撃を開始した。

しかし中国軍の抵抗は予想外に強力であった。日本軍は、空閑昇少佐の指揮する第七連隊（金沢）第二大隊が江湾鎮の戦闘で包囲されて連絡を絶ったのをはじめ、混乱して同士討ちまで演じたうえ、二三日攻撃を中止した。この第一次総攻撃で、日本軍の損害は陸海あわせ戦死二二四名、負傷六四四名、生死不明四名に達した。日本軍は態勢をたてなおし、二五日第二次総攻撃をかけ、ようやく中国軍の第一線を奪取したものの、瓦解させることはできず、戦死九九名、負傷三六六名を数えて、人員がはなはだしく消耗したうえ、弾薬も欠乏を告げる状態となった。（『昭和の歴史4　十五年戦争の開幕』江口圭一著、小学館、一九八八年、一五〇～一五一頁）

このときの戦闘で中国軍の捕虜になった大郷村出身者がいた。第一九連隊所属の西尾甚六歩兵少尉である。二月三日に赤紙を受け取った一〇人の応召員のひとりで、前述した「召集令状受領証」にも、「昭和七年二月三日　午前三時十五分」に、「二月四日午後一時歩兵第十九連隊へ召集ノ充員召集令状」を受領した記録が残されている。

西邑仁平さんによると、第九師団が上海に上陸し、総攻撃を開始した二月二〇日の夜、西尾少尉は小隊長として部隊を率い、白陽村付近に出動して、行軍進路の偵察を命じられた。将校斥候として敵陣深くに潜行して偵察後、まず部下を本隊に帰還させ、安全を確認した後、単身クリーク（小運河）の中を帰途についた。しかし、帰路を見失い、それに気づいたときはすでに中国軍部隊に包囲され、銃撃を受けた。西尾少尉は拳銃で応戦したが、足の踵に敵弾が命中し、捕虜となった。

軍から大郷村役場に、「西尾少尉が行方不明」との電報が届いた。役場では当時、村議会が開かれていたのですぐに議題に上り、「上海へ村から捜索隊を送る」との決議がなされ、実行に移そうとしていた矢先に、西尾少尉が捕虜交換で釈放されたとの電報が軍から届いた。

その後、西尾少尉は現地の野戦病院で療養中、一時的とはいえ捕虜になった身を恥じて自殺を企てた。しかし果たせず、すぐに郷里の大郷村川道地区に送還され、免官されて予備役に編入された。

そして、一九三二（昭和七）年一二月一〇日午後六時、自宅において日本刀で喉を突き、自決した。二八歳だった。

西邑さんは、「自分が兵事業務を担当中のことで、西尾少尉の自刃が最も悲しく、最も強烈に思い出される出来事です。いまも慙愧（ざんき）の念に駆られます」と語る。

西尾少尉が上海から復員し、免官されて大郷村に帰ってきてから、西邑さんは川道地区の姉川の堤防で三回ほど西尾少尉と行き合って、声をかけたが、散歩中の少尉は淋しそうにうなだれたまま、顔も上げなかったという。

「なぜ、あのときにもう少し話をしてあげられなかったのか、なぜ西尾少尉の家にお見舞いに行かなかったのかと、いまでも後悔しています……」

捕虜になった身を自ら責めて

西尾少尉の自刃は当時、新聞記事にもなった。昭和七年一二月二〇日付けの『東京朝日新聞』に、「あ、第二の空閑少佐　江湾鎮で虜となった西尾少尉自刃　帰郷謹慎中遂に決行　陸軍省発表」の見出しと、軍帽をかぶった顔写真付きで記事が載っている。

「空閑少佐と同様の運命に陥り武士道の花と散った西尾少尉の自刃は、上海事変の哀史として堅く秘められていたが、軍中央部でも協議の結果、愈(いよいよ)発表することに決し、十九日午後記事差し止めを解除し、大要次の如く発表した」

「滋賀県東浅井郡大郷村大字川道、予備役歩兵少尉西尾甚六氏（二八）は南支の風雲迫り上海事変突発するや、金沢の植田師団動員と共に第十九連隊の小隊長として出征。所も同じ江湾鎮の激戦で奇しくも空閑少佐同様重傷の身を敵に収容され、戦後我軍に送られたが、これを許し難い武士道の恥辱と考えた同少尉は、はげしい自責の念から日夜煩悶の末、遂に極度の神経衰弱となり、内地に送還されるに至った。帰郷後は一切他人との面接を避け、一室に閉じこもってひたすら謹慎を続けていた。しかし少尉は内地送還の際既に最期の覚悟を決め、自決の時機をうかがっていたが、去る十日、家人の留守中自室に端座、皇居、伊勢神宮を遥拝の後、伝家の宝刀で見事首をかき切り、従容武人としての最期を遂げた」

「母堂に対して今生の暇乞 自刃の二日前に」という小見出しがあり、こう書かれている。

「これより先八日、少尉は母堂に向かい、「お母さん、私は明後日空閑少佐の許(もと)に参ります。立派に男らしく死んでおわびいたします。これまで何等孝行もせず御心配ばかりかけて済みませんが、肉体は滅びても霊魂は永(とこし)えに生きてお国と家を守ります」と今生の別れを述べたので、母堂は「それ程までに思いつめているなら、これから死んだつもりで働けばよいのだ」と諭したが、その決心を翻すことが出来なかったとのことである」

　母親、長兄、次兄、姉の遺族四人が後に残された。

「いずれも早晩この悲惨のあることを予想していたが、投身や縊死を恐れ、ひたすら武人的最期を祈りつづけていたとのことである」

　また、長兄の談話も載っている。

「弟はよく死んでくれました。これで世間様への面目も立ちました。軍人らしく伝家の宝刀で思いきり咽喉をつき刺し、何等の苦痛もなく微笑を浮かべて死んでくれたのは有難いことです。弟も定めし本望だったでしょう」

記事は「尚、同氏の葬儀は二十二日しめやかにとり行われる予定である」と結ばれている。

美化された軍人の自決

西尾少尉が自ら命を絶った背景には、同じ上海事変の戦場で同時期に捕虜となった末に自決した、同じ第九師団の上官、空閑昇少佐の死があった。

『昭和の歴史4 十五年戦争の開幕』によると、空閑少佐は第九師団第七連隊第二大隊長として、一九三二年二月二〇日からの日本軍による第一次総攻撃に参加した。しかし、空閑少佐の指揮する第二大隊は目標を誤って江湾鎮の凹部にとりつき、中国軍の十字砲火を浴びて孤立した。空閑少佐は戦闘中、重傷を負った。混乱のなか部隊は空閑大隊長を残したまま二月二三日に退却した。空閑少佐は中国軍の捕虜となり、南京に連行された。

三月三日に日本軍が戦闘中止を声明すると、日中両軍の停戦交渉がおこなわれることになった。空閑少佐の身柄は三月一六日に上海の日本軍に送還された。ところが、空閑少佐は三月二八日に江湾鎮の戦場跡におもむき、ピストルで自殺したのだった。

陸軍は当初戦死と発表していたが、四月一日になって経過を公表した。その際、荒木陸相は、「帝国軍人が戦場に赴くのは勝利か死かである。空閑少佐は最高の軍人精神を発揮して死の道を選んだのであろう。立派な名誉の戦死と同様であり、戦死者同様に取扱いたいと思っている」という趣旨の談話を発表した。

それまで捕虜は必ずしも不名誉とされていたわけではない。たとえば嫩江（のんこう）・チチハル戦で山田鉄太郎一等兵は斥候中に中国軍に捕えられ、チチハルに監禁されていたところを朝鮮人通訳に救出されたが、この事件はむしろ奮戦のすえの名誉ある捕虜をめぐる陣中美談として扱われていた。しかし指揮官の身となると、あれほど侮蔑していた中国軍の捕虜とされることは、日本軍としてありうべからざることであった。そのつじつまをあわせるため、捕虜となったとき人事不省（意識不明）であったことが強調されたが、空閑には生きのびることは許されなかった。七月七日荒木陸相は横溝光暉（よこみぞみつてる）内閣官房総務課長にむかって「俘虜となりたる者は死すべきものなりと考ふ」と語っている。空閑以後、帝国軍人には勝利か死かのいずれしか途はなくなったのである。

空閑の自殺は深い同情と哀悼をよんだ。興行界は涙をしぼるかっこうの題材にまたしてもわきたち、映画は全七社が競って製作した。（『昭和の歴史4　十五年戦争の開幕』一五七～一五八頁）

『東京朝日新聞』(昭和七年四月二日)には、空閑少佐の死を報じる記事が載っている。「上海事件皇軍の悲花　江湾鎮激戦の勇者　空閑少佐自殺す　重傷捕われしを恥じ　送還後戦跡を弔って」の見出しに、軍服を着て正装した生前の空閑少佐と着物姿の夫人の写真も添えられている。

上海特派員二十九日発　二月二十二日江湾鎮付近の激戦において戦死を報ぜられた空閑少佐は、敵弾のため重傷を負い人事不省となり、支那軍に捕われの身となって南京に送られ治療中であったが、三月十六日上海に送還されて来た。然るに少佐はこれを武士の恥辱となし、二十八日午後二時十五分、江湾鎮西北の少佐が苦戦せし戦場に至り、ピストルをもって見事な自殺を遂げた。軍部では武人の亀鑑としてその死を非常に悼むとともに、二十九日夕上海のわが軍司令部では一切の事情の発表を許した。付記、日本では依然、記事禁止中のところ、一日解禁になったものである。

その記事によると、空閑少佐は当時、上海で日本軍の兵站病院で治療中だったが、三月二八日、上海事変で戦死した連隊長の墓前を弔ってから、自分が捕虜になったときの戦場を訪れ、多数の部下を失った罪を謝しつつ、戦死した部下の冥福を祈ったという。

そして、護衛の兵士二名を数百メートル離れたところの民家で待たせておいて、自分が重傷を負って捕虜になった場所である塹壕に行き、その中でピストルの銃口を口にふくみ、引き金を引いたのである。少佐がいつまで経ってももどらないので、護衛の兵士らが行ってみると、ピストルを握ったまま口から血を吐いて倒れている少佐を見つけた。

「自分が支那軍に捕われて生残ったのを深く恥とし、部下に対して相済まず又武人として恥ずべきものとして、当時の事情にては何等非難すべき点なく、真にやむを得ざりしに拘らず、深き責任感と右の考えより自己の武運拙きを慨きつつ自殺を決行するに至ったものである」と、記事はまとめている。空閑少佐の父親に宛てた遺書には、こう書かれていたという。

「空閑家伝来の武士道はすたれぬ。武士道のため潔く死を選んだ」

空閑少佐は佐賀県の生まれで、当時四四歳。妻と八歳の長女、二歳の長男、一歳の次男がいた。

残された妻は、「一家としてさびしい事ですが、遅れ馳せながら自殺しましたので、やっと日本人としての面目が立ったのではないかと思います」と語ったと、記事には書かれている。

一枚の赤紙が運命を左右した

その紙面には当時の陸軍大臣、荒木貞夫中将の談話も載っている。「空閑少佐の自決について荒木陸相は悲痛なる面持ちで左の如く語った」との前置きがあり、こう書かれている。

帝国軍人が戦場に赴くのは勝利か死かである。戦場では最高統帥者の命令以外は如何なる事あるも絶対に退く事はしない。従って後方の者は又必ず前線にある者を援助する事が日本軍の本領である。空閑少佐はこの精神を以て奮戦中敵の重囲に陥り、重傷を受けて意識不明の内に敵手に収容された事は気の毒であり、戦死しなかった事は運命であったので、此戦場で立派な行動をしていた少佐を責めることは出来ぬ事情にあったと思われる。然し如何なる事情にあるとも空閑少佐は日本軍人の精神として、それだけではすまぬとして林連隊長の命日に悲壮なる決意をなし、連隊長の墓前に額ずき後事万端の始末をして、遂に最高の軍人精神を発揮して死の途を選んだのであろう。これが外国流の道徳観で律すれば、何も人事を尽くした以上自殺などせぬでもよいではないかとの疑念を持つかも知れぬが、日本軍が強いのは実に斯うした心持が全軍にみなぎっているからである。これは戦死とはその形こそ異れ精神においては立派な名誉の戦死と同様である。

空閑少佐の自決は、国民の戦意昂揚を図る軍部の意図に沿うものだったといえる。捕虜を恥辱として自決した空閑少佐の死は美化された。それは後に、「生きて虜囚の辱を受けず、死して罪禍の汚名を残すこと勿れ」という「戦陣訓」（一九四一年に東条英機陸相の名で全陸軍に示達された訓諭）の精神にもつながっていったと考えられる。「戦陣訓」に表された、捕虜を恥辱とし、捕虜になるくらいなら死を選ぶべきだというその考え方は、「玉砕」というおびただしい死のかたちを生み出していった。また、サイパンや沖縄や満州での日本人民間人の「集団自決」を引き起こす精神的土壌をもつくりだした。

空閑少佐の自決による死を讃え、美化する当時の風潮が、指揮官として同じように捕虜となって帰還した西尾少尉の心を取り巻いて、他に選びようのない道へと追い込んでいったのではなかろうか。西尾少尉はまさに、「空閑少佐の許に参ります。立派に男らしく死んでおわびいたします」と書き残して逝った。

長兄の「弟はよく死んでくれました。これで世間様への面目も立ちました」という新聞記者に対する言葉からは、当時の西尾一家がおかれた苦境と、人前では決して出せなかったにちがいない呻き声が伝わってくるようだ。

西邑さんが姉川の堤防ですれちがったときの西尾少尉のうなだれた後ろ姿――。少尉が世を去った年の二月三日午前三時一五分、少尉は赤紙を受け取っていた。その赤紙はその真夜中に、軍の命令で警察を経て村の役場に届き、兵事係の西邑さんの手を介して少尉のもとに配られた。赤紙を手にしてから約三五時間後には、少尉は敦賀連隊の兵営の門をくぐった。二月八日、第九師団は出動した。赤紙が届いてから一一日〜一三日後には上海に上陸。一七日後には異国の戦場に立ち、負傷して捕虜となった。そして、捕虜となったがゆえに、その年の末には自ら命を絶つことにまでなった。一枚の赤紙が、大郷村のひとりの青年の運命を左右した。

上海事変での動員に伴う召集が、昭和に入って大郷村に赤紙が来た最初である。以後、村には次第に、赤紙が頻繁に来るようになってゆく。それは日中戦争からアジア・太平洋戦争へと拡大する戦火に伴ってのことだった。上海事変で召集された人たちは、ともかくも全員、村に帰ってこられた。しかし、その後召集された出征者たちのなかからは、ついに帰ってこられなかった人が次々と出た。

一枚一枚の赤紙が、一人ひとりの運命を、生死を左右した時代だった。

第四章

出征した兄弟たちの戦記

来るべきものが来た

旧大郷村の曽根地区に住む河瀬勇さんは、一九三七（昭和一二）年八月二五日、水田の畦（あぜ）の草取りをしているとき、西邑仁平さんから、「河瀬君、持ってきたぞ」と告げられ、赤紙を渡された。一四（大正三）年一二月二五日生まれの河瀬さんは、そのとき二二歳だった。

河瀬さんは日記をつける習慣があり、その日の日記には、「水曜、晴天。午前六時起床。九時頃、予期どおり召集令状来（きた）る。男子の本懐これに過ぎず。海行かば……の歌有るのみ」と記している。

河瀬さんはそのときの心境を次のように語った。

「男子の本懐これに過ぎずとは、男として生まれた以上、これより嬉しいことはないはずだ、という意味です。しかし、本当は嫌なんです、心の中では……。けれど、「海行かば……の歌有るのみ」と書いたのは、「海ゆかば水漬（みづ）く屍（かばね）　山ゆかば草むす屍　大君（おおきみ）の辺（へ）にこそ死なめ　かえりみはせじ」という歌ですね。あの歌の気持ち……。それまで親や先生の世話になって成長してきたが、これからは天皇陛下のために死ぬことになる、悔いは残らない、という気持ちからで、それもまた本当の気持ちなんです。やはり来るべきものが来た、と思いました」

日記の簡潔な言葉からは、赤紙を受け取った青年の揺れる心と、自らを鼓舞しようとする息づかいが伝わってくる。

河瀬さんは古びた日記帳のペン書きの文字を指でたどりながら、見つめ、当時の記憶をたぐりよせてゆく。

召集令状が届いた翌日、河瀬さんは朝から出征の準備で忙しかった。日記にはこう書かれている。

「午前六時起床。朝から出征にて忙しい。午後、長浜中山まで行く。午後九時まで随分忙しい。京都の弟が来る」

長浜市の中山地区に母親の実家があり、そこに出征の挨拶に行ったのだ。河瀬さんが一七歳の時に、母親はすでに病死していたので、家族は父親と六人の兄弟姉妹だった。河瀬さんが長男で、姉が一人、弟が三人、妹が一人いた。家は農業を営んでいた。京都の弟とは、京都で呉服店に勤めていた四男のことである。

その夜、親戚、同じ地区の人たち、小学校の同級生ら五、六〇人が集まり、送別会を開いて、河瀬さんを励ましてくれた。宴は夜通し続いた。

軍隊にいた頃の河瀬勇さん（河瀬勇一さん提供）

「誰も「おめでとう」とは言ってくれません。私が嫌がっているのか、心の中で泣いているのか、喜んでいるのか、わからないんですから。ただ、酒を酌み交わしながら、「しっかりやってきてくれ」と、それだけしか言うことができないんです」

河瀬さんの小学校の同級生で、一学級およそ五〇人いたうち、同じときに八人くらいに召集令状が来たという。

その年七月七日の盧溝橋事件を機に日中戦争が始まり、日本軍は中国に侵攻していた。日本軍は拡大する戦線に大軍を送り込むため、大規模な動員に取りかかっていた。

「親父は、戦場ではいつ誰が死んでも不思議ではないと知っていて、だから、表向きは、国のために手柄を立ててこいと言うところなんでしょうが、しかし、何も私に言いませんでした。心の中では泣いていたと思います」

八月二七日の日記には、こう書かれている。

「午後五時頃より、金津（かなつ）神社社頭に於て送別会開かる。感無量。藤先生の面影忘れられず」

曽根地区の金津神社の拝殿前で開かれた送別会に、藤先生という小学校の恩師が駆けつけて、目に涙を浮かべながら、「河瀬、しっかりやってきてくれ」と励ましてくれたのだった。

その夜も準備や家族・友人らと言葉を交わすことでほとんど眠らぬうちに、次の日を迎えた。八月二八日の日記——。

「明くれば出発。二時間ばかりまどろみ、（午前）二時起床。三時頃出発す。市場産土神社にて別れの辞を述べ、五時三八分発。十時、敦賀入隊」

北陸線虎姫駅を午前五時三八分発の汽車で発ち、敦賀の連隊本部に午前一〇時に入隊するためには、まだ夜の内ともいえる時間に発たなければならなかった。家のある曽根地区の市場という字の氏神を祀る産土神社に参拝し、集まってくれた人たちに挨拶をした。

「家の門を出るときは、これが最後と心に秘めて、出発しました」

虎姫駅までは家族や親戚、友人ら五〇人くらいが、一時間ほど一緒に、軍歌を歌いながら歩いて見送ってくれた。その日、大郷村から敦賀の歩兵第一九連隊本部に入営したのは五人だった。

赤紙を受け取ると、一気に日常とは異なる世界に赴かねばならない男たちの姿が、河瀬さんの日記を通して浮かび上がる。

「事変忘備録」の言葉

西邑さんが密かに残した兵事書類には、召集令状交付の記録（「動員ニ関スル書類綴」「動員日誌」）が一九三二（昭和七）年の分しか含まれていない。そのため、河瀬さんが召集された三七年などほかの年の召集令状交付の様子はわからない。

大郷村から、いつ、誰が、何人が召集されたのか、正確な記録が残っていないのである。敗戦時に西邑さんが虎姫警察署から、「焼却のために召集関係の書類を持参せよ」と命じられたからだ。

陸軍省が当時の機密書類をまとめた『陸支機密大日記』（防衛省防衛研究所図書館所蔵）の「第七冊第一二号½」（昭和一三年）によると、河瀬さんが召集令状を受け取った日の前日、一九三七年八月二四日に「動第四号」動員令が参謀総長（閑院宮載仁親王元帥）から陸軍大臣（杉山元大将）を経て天皇に上奏され、勅裁を受けていた。その動員の対象には、第九師団の陸上輸卒隊も含まれていた。陸上輸卒隊とは、軍馬や自動車などによる輸送を任務とする部隊だ。

「動第四号」動員令の下令は八月二四日午後六時三〇分。すぐに金沢の第九師団司令部へ、そして敦賀連隊区司令部へ、さらに虎姫警察署へ伝達され、虎姫警察署に保管されてあった召集令状すなわち赤紙が、大郷村役場に届けられ、応召員一人ひとりに配られたのである。

河瀬さんが赤紙を受け取ったのは、午前九時頃だった。陸軍大臣が動員を下令して一四時間あまり後には、赤紙はもう河瀬さんのもとに届いていた。『国家総動員史』（上巻）によると、「動第四号」動員令では、全国で約一〇万人が召集を受けて動員されたという。河瀬さんはそのうちの一人だった。天皇・参謀本部・陸軍省を頂点とし、全国市町村の兵事係を末端とする、ピラミッド型の動員・召集機構がやはり精密機械のように稼働したのである。

「動第四号」動員令は日中戦争開始期の一連の動員令のひとつである。それらは、その年七月七日の盧溝橋事件後、同月一一日に当時の近衛文麿内閣が陸軍の北支（中国北部）派兵案を認め、派兵とその予算を閣議決定し、天皇に上奏して勅裁を得たのち、同月一五日に陸軍大臣が下令した「動第一号」動員令に始まる。

そして同年一二月一三日の日本軍による南京占領直前、一二月二日の「動第一三号」動員令までで、動員された師団数は一五個師団。中国に派兵された総兵力は約六〇万人に及んだと推定されている。

河瀬さんは、武器・弾薬・食糧・被服など軍需品の輸送・補給にあたる輜重兵として召集され、入営後、第九師団の陸上輸卒隊に配属された。

出征兵士として家を後にしてから、それまで使っていた日記帳には書けなくなったので、入隊後の日記は携えていた手帳に書きつけた。しかし一九四〇（昭和一五）年三月、中国戦線から復員して除隊する直前に、上官の命令で手帳の持ち帰りを禁じられ、それを中国の南京で焼却しなければならなかった。

そのため、帰国して除隊直後に、応召から除隊までの間の記録を、焼かずに持ち帰れた別の手帳のメモと記憶を元に、新たな手帳に綴った。それを河瀬さんは「事変忘備録」と名づけた。「事変」とは「支那事変」を意味する。当時、日本では日中戦争のことをそう呼んでいた。

「事変忘備録」の「昭和十二年九月」のところに、こう記されている。

「十三日、最後の面会は此の日父一人来敦さる。之が最後かと思えば感慨無量なり。本日迄の面会者、叔父、姉、妹」

九月一三日が家族らと会える最後の面会日で、父親の勇造さんが敦賀まで会いに来てくれたのである。勇造さんは当時六〇歳。息子が初めて召集され、もうすぐ戦地に送られることに、どのような思いでいただろうか。やはり、「之が最後か」との思いを、真新しい軍服姿の息子と互いに、口には出さぬまでも、胸の内に抱いていたのではなかろうか。

「この日の父の面影はいまだに忘れられませんね……」と、河瀬さんは遠い日のことを振り返る。

同じ日、河瀬さんは戦友たちと、敦賀市内にある越前国一の宮、気比神宮に参拝し、神宮前で記念写真を撮影した。

「事変忘備録」は次のように続く。

「十六日、原隊営門出発。雨天午後二時十六分敦賀発。三時、米原駅にて父、姉、捨（三男）、妹と最後の面会後、一路近江路を西へ。吾等の意気天を衝く。午後十二時、大阪道頓堀大黒屋着。滞在四日」

九月一六日、敦賀連隊本部の営門を出た部隊は、隊列を組んで敦賀駅まで行進し、軍用列車で戦地に向かった。列車が途中、米原駅で停まったとき、家族と汽車の窓越しにしばし面会できた。兵事係の西邑さんから大郷村の出征兵士たちの家族に知らせがあったのだろう。その夜は大阪の道頓堀にある大黒屋という旅館に泊まった。

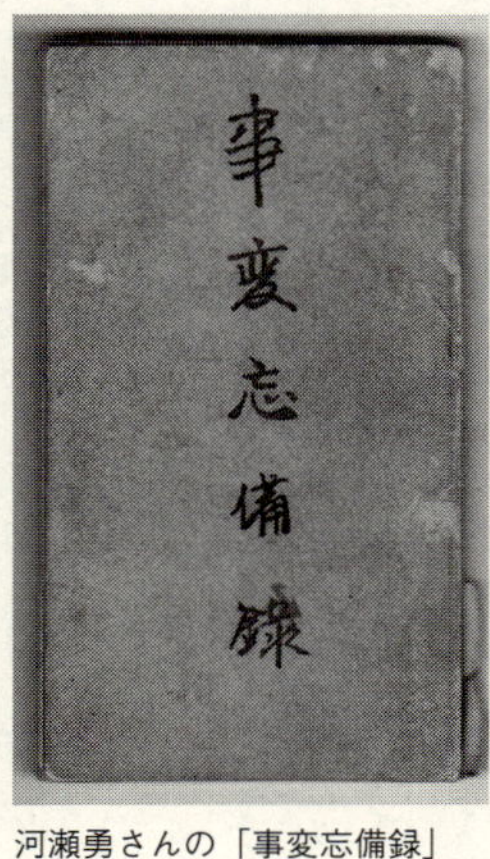

河瀬勇さんの「事変忘備録」
（河瀬勇一さん提供）

そこに四泊した後、九月二〇日、大阪港で輸送船に乗り込み、午後五時に出港した。船は瀬戸内海を抜け、翌日の夜、玄界灘を渡った。風が荒れて、船は大揺れに揺れたという。九月二二日の朝六時、釜山港に到着。釜山では松井旅館に泊まった。冬用軍服を支給された。白衣姿の日本軍負傷兵を初めて目にした。中国戦線で負傷し、日本にある陸軍病院に送られる負傷兵たちだった。

九月二四日、午前二時に起きて、四時に釜山駅から軍用列車に乗って北に向かった。「鳥致院という駅を通ったとき、ホームで朝鮮の女学生たちが「兵隊さん、がんばってください」と叫びながら、一生懸命、日の丸の小旗を振ってくれたのが忘れられません」

九月二七日、中国東北部、当時の満州の奉天に着いた。そこから列車は南西に向かい、山海関を通って華北すなわち中国北部に入り、二九日の夜、北京西南の郊外にある豊台(ほうだい)に着いた。

大曠野の行軍

豊台には、日本の「支那駐屯軍」部隊が一九三六(昭和一一)年から駐屯していた。そこは北京近郊の鉄道分岐点に当たる要衝である。三七年七月七日の盧溝橋事件で中国軍と交戦したのも、この豊台駐屯の部隊だった。

盧溝橋事件を機に、日本陸軍の上層部では対中国強硬論が大勢を占め、その要求に応じて近衛内閣は華北への派兵を決定した。北京・天津周辺の日本軍兵力が増強された。そして、日本は中国を侵略する全面戦争に踏み出していった。

日本軍は七月二八日からの総攻撃で北京・天津地域を占領した後、八月から一〇月にかけて、チャハル省、山西省、綏遠省、河北省へと戦線を拡大した。河瀬さんらは河北省での攻撃作戦の増援部隊として送り込まれたのだった。

「事変忘備録」の「昭和十二年十月」のページには、こう記されている。

「一日、行軍第一日。豊台出発十時。午後一時、盧溝橋通過す。午後七時、長辛店通過。此の頃より空腹甚だしく、泥濘膝を没す。八時、良郷着。十二時夕食。飯盒炊さん。午前二時就寝。

二日、休む。

三日、良郷発。午前三時起床、午前五時出発。六時頃、匪賊に出会す。袋を落とす。此の頃より人馬の屍多数。

毎日難行軍。平均三時頃起床、夕食は十時頃。大根、芋、人参の生物食す。一日行軍里数は平均十五里。

最も苦しみし日は保定到着の日。一〇月七日午後九時半、保定着。夕飯炊き得ず、その儘寝る」

河瀬さんらは豊台から南西へ、河北省の南部に向かって進んでいった。道は膝まで泥に埋まるほどぬかるみ、疲労困憊する難行軍だった。侵攻した日本軍が中国軍と戦った後には、人や軍馬の死体がたくさん残されていた。なお、「匪賊」とは抗日武装勢力のことを指す。当時、日本側はこのように一方的に貶める呼び方をしていた。

「いよいよ一〇月になったら、歩いて戦争でした。戦場では、夜もほとんど寝てませんが、何日に何をしたかわからない期間もあります」

当時、河瀬さんが中国から軍事郵便で家族に送った手紙が、大切に保存されている。

「涯しなき戦場、大曠野の名もない土手に咲いていた可憐な野菊とコスモスの花を銃の先にさして行軍したが、帰って僕の手帖で押しました。記念に送ります。ご笑納下さい」

と書かれた手紙には、行軍の途上で摘んだ野菊とコスモスの押し花が添えられている。銃を担いで歩く兵士の絵も描かれてあり、その横に「行けども行けども涯しない曠漠たる大曠野　無名の花が慰める」と、当時の心境が記されている。

河北省での作戦では、石家荘まで南下した後、一〇月末に鉄道で天津に引き返した。一一月二日、部隊は輸送船に乗り込み、翌日出港。凱旋帰国するのではないかとの噂も一時立ったが、船は黄海から東シナ海を南へと向かった。やがて、上海に向かうという噂が流れ、その通りになった。

日中戦争はすでに上海においても八月から火を噴き、激戦が繰り広げられていた。中国軍は縦横に延びるクリーク（小運河）と煉瓦建て家屋と堅固なトーチカ（防御陣地）を活かして粘り強く抗戦した。日本軍は苦戦していた。戦局を打開するために、日本軍は大規模な兵力増派をおこない、九個師団を投入した。そのなかには金沢の第九師団も含まれていた。河瀬さんらの部隊も上海方面への援軍に回されたのである。

「南京大虐殺はありました」

一一月八日、輸送船は揚子江（長江）河口をさかのぼり、上海の呉淞(ごしょう)沖に着いた。呉淞は揚子江と黄浦江の合流地点にあたり、すでに日本軍が占領していた。河瀬さんはそのときの気持ちを、こう記している。

「大国際都厳然として目前にそびゆ。我々の覚悟今再び緊張」

一一月一〇日、河瀬さんらは上海に上陸した。日本軍爆撃機の空爆による「大火災天を焦がす」様を目撃した。二日後、上海地域攻略作戦の一環として、呉淞より揚子江の川上にある滸浦鎮(こほちん)への敵前上陸命令が出た。

「十二日、おはいを丸に乗船。船中生活して待機。一週間。二十日午後五時、滸浦鎮に敵前上陸敢行。鈴木部隊配下。二十日午後二時、突如として敵前上陸の命は下れり。此の時は悲壮なる決意せり。折りから降りしきる秋雨の中、薄暮漸く迫る。葦原深き一漁村に上陸す」

日本軍はこの月、すでに上海南方の杭州湾にも増援部隊が上陸し、南北から上海地域の中国軍を挟み撃ちする作戦を展開していた。その結果、中国軍は西方へと退却していった。

追撃する日本軍は、当時の中国の首都南京に迫っていった。河瀬さんらの部隊は滸浦鎮から常熟（じょうじゅく）、無錫（むしゃく）へと進んだ。

河瀬さんらの任務は主に、運河を航行できる輸送船で補給物資を運ぶことだった。

「民船隊を組織し、糧秣（りょうまつ）を輸送せり。隊員二十数名何（いず）れも決死の行なり」と書かれている。

「一一月二五日、常熟に前進す。当日より分隊長伝令を命ぜらる。分隊にて十七名。滸浦鎮より常熟の転戦当時、寒気甚だし。常熟にては火災頻々として起こり、消火に努む」

「事変忘備録」の「十二月」のところには、「怪しき者二、三銃殺せり」「部落焼打ちも実施せり」など、戦場の凄惨な有り様を示す言葉が出てくる。一二月初旬、日本軍は南京攻略作戦に突入した。河瀬さんはそのときのことを、こう記している。

「十一日、南京碇泊場を占領すべき命下る。出発準備完了、午後十二時。

明くれば昭和十二年十二月十二日。南京進撃の第一日は始まる。一等兵進級も此の日なり。

翌十三日、西沢与三吉君戦死（十日、馬敦上附近）の通夜済まし、出発。丹陽にて水無く航行不能。大江に出て、鎮江に到着は十五日夜。午後六時鎮江発。

十六日〇時半頃、某島に着、一部歩兵部隊の敵前上陸あり。怪しき船を認め銃殺す。続いて附近部落の焼打掃蕩（そうとう）、三名許（ばか）り刺す」

「午前十一時半、目指す南京下関に敵前上陸敢行す。市街、人馬・兵器散乱、最も甚だし。

同夜、クリーク畔にて捕虜の銃殺凡そ五千。宛ら生地獄。
明くれば十七日、世紀の偉観、南京入城式。森隊選抜十六名参列。中山東路飛行場前辺りに整列。松井軍司令官、朝香中将宮以下。午後二時終了。帰途、未だ敵の手榴弾事件あり。
下旬に到りて降雪頻り、初めての敵地の厳守、身に徹す」

日本の大本営が「敵国首都南京を攻略すべし」との命令を下したのは、一二月一日だった。上海派遣軍の第九師団、第一三師団、第一六師団、第三師団先遣隊、第一〇軍の第六師団、第一一四師団、第五師団の一部が、南京一番乗りを競って各方面から進軍した。一二月八日に南京を包囲し、一〇日に総攻撃をかけた。一二日に南京城壁の一部を占領。一三日には南京城内を制圧した。

河瀬さんの記録からは、河瀬さんらの部隊は一二月一六日に、南京城外の揚子江河畔の埠頭がある南京下関に上陸したことがわかる。「同夜、クリーク畔にて捕虜の銃殺凡そ五千。宛ら生地獄」とあるのは、南京を占領した日本軍が大勢の中国軍捕虜を虐殺したことを指している。河瀬さんが記したケースだけでも、およそ五〇〇〇人の捕虜が殺されたと推測される。

「南京大虐殺はありました。昭和一二年の。南京大虐殺というのは、日本の兵隊が……私はようしなかったんですが……、中国人を、年寄りも、若い人も、子どもも、女の人も、日本の兵隊が殺したんです。……私はそういうことはしなかった。私は……、兵隊どうしは、これはもう殺すか殺されるかですから。殺さなかったら殺されるんですから。中国兵を何人殺したかははっきり覚えていませんが、戦闘中に銃剣で刺したこともありましたけれど、一般の中国人には私は絶対に手をつけなんだ」と、河瀬さんは重い口ぶりで語った。

戦争そして帰還

元陸軍中将で、南京攻略作戦に第一六師団歩兵第三〇旅団長として加わった佐々木到一氏の記録「南京攻略記」に、日本軍による中国軍捕虜殺戮の場面が書かれている。一九三七年一二月一三日、日本軍が南京城内を制圧した直後のことだ。

この日我支隊の作戦地域内に遺棄された敵屍は一万数千にのぼりその外装甲車が江上に撃滅したもの並びに各部隊の俘虜を合算すれば我支隊のみにて二万以上の敵は解決されているはずである。

午後二時ごろ概して掃蕩をおわって背後を安全にし、部隊をまとめつつ前進和平門にいたる。

その後俘虜ぞくぞく投降し来り数千に達す、激昂せる兵は上官の制止をきかばこそ片はしより殺戮する。多数戦友の流血と十日間の辛惨をかえりみれば兵隊ならずとも「皆やってしまえ」といいたくなる。

白米はもはや一粒もなく、城内にはあるだろうが、俘虜に食わせるものの持ち合わせなんか我軍には無いはずだった。（『知られざる記録』昭和戦争文学全集編集委員会編、集英社、一九六五年、二五四頁）

南京大虐殺について、『昭和の歴史5　日中全面戦争』（藤原彰著、小学館、一九八八年）には、こう書かれている。

この上海から南京への進撃の過程、または、南京の占領にあたり、中国兵三〇万人が殺傷されたほか、おびただしい数の非戦闘員や捕虜が虐殺されたとして、「南京アトロシティ」の名が、世界を震撼させた。戦後の極東国際軍事裁判では、老幼婦女子をふくむ非戦闘員・捕虜一一万五〇〇〇人が殺害されたとし、南京での戦犯裁判では、三〇万人が殺されたとしている。

正確な数を資料的に確定することは困難であるが、一般市民にたいする殺害や婦女暴行・放火・略奪が無統制におこなわれ、多数の捕虜が殺害されたことは明らか……。（一二三頁）

河瀬さんは次のように言葉を重ねた。

「戦闘のとき、恐ろしいという気持ちはなかったですね。国のためにはこうして行かんならんな、と思ってました。親の代から、日本人は日清戦争、日露戦争を戦ってきましたから、私も当たり前と思って戦ったんです。人を殺すことは悪いことだと思います。しかし、戦場ではやるかやられるかですから。怖いとかそんなことは思っていられない。怖いという気持ちを持っていたらやられてしまう。必死の間にやらないといけない……。ただ、兵隊以外に対しては、そうはしないという気持ちでした。もしも中国兵が日本に来て、日本兵の親や兄弟姉妹、家族を殺したら、殺されたほうはどんな気持ちになるだろうかと考えたんです……」

南京占領後、河瀬さんは無錫、蘇州、南京などで、軍の輸送・補給を担う兵站部隊や軍司令部での任務についた。そして、一九四〇（昭和一五）年三月一九日に帰国し、二八日に敦賀で除隊、大郷村の家に帰ってきた。「事変忘備録」の「昭和十五年三月」のページに、帰国と除隊の様子がこう書かれている。

「十四日、上海発。

十七日、似島着。

十八日午前二時起床、七時上陸、検疫。午後一時半、新夕張丸乗船。同夜一泊。

十九日三時起床、九時上陸。父に電報を初めて出す。午後六時、広島発一路東上。二十日朝四時四四分、大阪着。七時一分発。九時二〇分、米原にて父に面会す。幾年振りの対面、唯々感極まって涙ある許りなり。午後一時三十分、敦賀第十中隊に入隊。中隊にて洗濯、入浴す」

「二十八日三時起床。陸軍墓地に参拝。九時、営門発。十二時二十七分、敦賀発。一時半、虎姫に着す。斯くて多数村民、各団体、学生に迎えられて、夢の如く現の如く我が家に入りたるは、午後三時頃なり。先祖神仏に礼拝す」

戦地から無事に帰ってきた河瀬勇さんを、家族は安堵の思いで迎えた。ただ、河瀬さんが帰国する直前の三月三日、三男の捨治郎さんが現役兵として出征していた。

「生きて帰れたこと。それは神さんや仏さんのお守りやと思っています。親父も本当に喜んでくれました。ただ、私と入れ違いに弟が出征したばかりでしたから、また大きな気がかりができたわけで、心が休まるということがなかったわけです」

弟たちの出征

三男の捨治郎さんが出征するよりも前に、河瀬家からは長男の勇さんに続いて、次男の敬三さんが一九三八（昭和一三）年五月五日に召集令状を受け取り、出征していた。敬三さんは三歳のときに木村家の養子となっていたため、名前は木村敬三といった。大郷村で家業の農業を営んでいた。

敬三さんは敦賀の歩兵第一九連隊に入隊し、中支派遣軍の部隊の一員として上海に上陸後、徐州、漢口、大別山など中国中部の各地を転戦した。

翌年七月、内地に無事に帰還して、敦賀連隊で新兵の教育係として任務についた。しかし、その後、病気に罹り、一二月下旬まで金沢陸軍病院に入院した。治療を受けて回復はしたが、軍務は続けられず、退院後、除隊して帰郷した。それからは在郷軍人として青年団の指導にあたった。

三男の河瀬捨治郎さんは一九三九（昭和一四）年に徴兵検査を受け、甲種合格で現役兵に選ばれた。一五歳のときから長浜市の北川呉服店に勤めており、当時もそこで働いていた。翌年一月四日、陸軍砲兵として入隊した。その年三月三日、長浜駅を発ち、福岡県にある久留米師団に編入された。

「兵事ニ関スル書類綴　自昭和八年　至昭和二十年」中の、「（昭和一四年）現役入営兵出発時間表」に、河瀬捨治郎さんの名前が載っている。「三月三日、乗車駅長浜駅、午後一時四十分乗車」とある。大郷村からはそのほかに二名が、同じ列車で同じ部隊に入営している。

このとき捨治郎さんを、すぐ上の兄の敬三さんが広島まで汽車に一緒に乗って、見送った。長兄の勇さんが中国の戦地から帰還するより三週間余り前のことだった。

捨治郎さんは一九四〇（昭和一五）年三月下旬に中支（中国中部）戦線に派遣され、四一年一一月まで、武漢、当陽、大別山、岳州など各地を転戦した。捨治郎さんは出征のときから携えていた手帳に、「陣中日記」を鉛筆で書き残していた。それによると、四一（昭和一六）年一二月五日、捨治郎さんの所属した部隊は南京に移動し、八日には上海に着いた。

その日は奇しくも日本軍の真珠湾攻撃とマレー半島上陸作戦によりアジア・太平洋戦争が始まった日である。捨治郎さんらの部隊はその開戦に伴い、中国戦線から東南アジアの南方戦線へと投入される兵力に含まれることになった。

そして一九四二（昭和一七）年二月、「陣中日記」に「昭和十七年二月十八日、上海出発。南方作戦ニ向ウ」と書かれているように、捨治郎さんは上海から輸送船に乗って南に向かった。行き先はフィリピンだった。

「陣中日記」には続いて、「二月二十八日、「リンガエン」湾ニ上陸。南洋ノバナナ、椰子ヲ腹一杯食ウ」とある。リンガエン湾はフィリピン最大の島であるルソン島西部の、南シナ海に面した湾である。当時、リンガエン湾一帯はすでに日本軍が占領して、フィリピン作戦の補給・輸送の拠点としていた。

太平洋戦争が起きたとき、フィリピンはアメリカの植民地だった。ただし、一九四六年に独立することをアメリカから約束され、フィリピン人によるコモンウェルス政府が樹立されていた。総兵力約一五万人（そのうち約一二万人はフィリピン軍）のアメリカ極東陸軍がいて、フィリピン防衛の任にあたり、その下にフィリピン軍が編入されていた。アメリカ極東陸軍を率いていたのは、後に日本占領連合国軍最高司令官となるダグラス・マッカーサー中将だった。

日本軍によるフィリピン侵攻は、一九四一年一二月八日の真珠湾攻撃の直後に始まった。台湾などの基地を飛び立った日本陸海軍機が、フィリピンのアメリカ軍基地を三日連続で空襲し、アメリカ軍機の大半を撃破したのち、陸軍の第一四軍（司令官本間雅春中将、約六万五〇〇〇人）が上陸作戦を展開した。

『昭和の歴史7　太平洋戦争』（木坂順一郎著、小学館、一九八九年）によると、一九四一年一二月一〇日に第四八師団の一部がルソン島北部三カ所に、一二日に第一六師団の一部がルソン島南部にそれぞれ上陸。二二日には、第四八師団主力がリンガエン湾に、二四日には第一六師団主力がラモン湾に上陸し、首都マニラを南北から挟み撃ちした。

これにたいしてマッカーサーは、マニラを「非武装都市」と宣言し、司令部をマニラ湾口のコレヒドール島にうつすとともに、主力軍をバタアン半島に移動させて抵抗するという作戦をとった。そのため第一四軍は、一九四二年一月二日、難なくマニラを占領したが、都市の攻撃にこだわったため、米比軍の主力を撃滅することができなかった。

バタアン半島にたてこもったマッカーサー軍は、山岳地帯とジャングルをたくみに利用し、堅固な二重の陣地を構築していた。封鎖によって崩壊を待つか、力で圧倒するか、二つの作戦がかんがえられたが、面子にとらわれた大本営と第一四軍は後者をえらんだ。

一月九日から攻撃を開始した第一四軍は、各地ではげしい抵抗にあって苦戦をしいられ、将兵は補給困難による飢えとマラリヤやデング熱に悩まされた。二月八日、ついに第一次攻略戦は失敗に終わった。約二か月の準備ののち、第一四軍は一方では四月三日からの第二次総攻撃によって九日間でバタアン半島を攻略し、他方ではセブ島・パナイ島・ミンダナオ島などを占領した。五月六日、日本の上陸部隊と激戦ののち飢えと病気に苦しんでいたコレヒドール島の守備隊が降伏し、ようやくフィリピン作戦は終了した。

(前掲書、五〇〜五一頁)

しかし、マッカーサー将軍とその幕僚らはバタアン半島(バターン半島)とコレヒドール島が陥落する前の三月一二日に、密かに魚雷艇でコレヒドール島から脱出していた。

フィリピン戦線へ

河瀬捨治郎さんが上陸したリンガエン湾。実は、そこにはすでに兄の敬三さんが先に上陸していた。しかし、兄弟が戦地で再会することはなかった。なぜなら敬三さんは一九四一年一二月二二日のリンガエン湾敵前上陸作戦において戦死していたからである。

敬三さんは一九四一年九月二七日、再び赤紙を受け取って召集された。田には稲が熟れ、菊の花も薫る一〇月二日、大郷村から出征した。一〇月三日、京都伏見の歩兵第九連隊本部に入営。第一六師団の歩兵第九連隊第三大隊第一一中隊に配属された。

同中隊の元隊員でフィリピン戦線から生還した田村栄氏が、戦後、同中隊の記録として自費出版した、『栄光への道　歩兵第九連隊（垣六五五四部隊）第三大隊第十一中隊戦史』（私家版、一九七〇年）によると、太平洋戦争の開戦を控えた一九四一年一一月一八日、歩兵第九連隊は京都伏見の連隊本部から出動した。

我が第十一中隊は午後九時六分。歩兵第九連隊本部と共に、軍旗を捧持して正門より出発したのである。留守隊全員整列見送りの中を夜の兵営を後にしたのである。衛門を出ると、沿道には多くの見送り人がせめて一目なりとも肉親の最後の顔を見ようとひしめいていた。梅小路駅に到着。

先着の中隊も含めて、沿道から着いて来た家族と兵士たちのしばしの面会が許され、やがて列車に乗り込むことになった。列車の窓は全部よろい戸がおろされ、兵隊は隊伍整然と車中の人となった。ほんとうに短い時間であったが、今生の別れになるかも知れない面会を終えた兵士の顔にはある決意の色がうかがえるのであった。(前掲書、一一頁)

アジア・太平洋戦争の開戦前夜、晩秋の夜の京都から戦場へと向かうこのときの隊列のなかに、敬三さんもいたのである。

二日後、部隊は輸送船に乗って大阪港を離れた。瀬戸内海を経て、関門海峡を抜け、東シナ海を西南に向かった。『栄光への道』によると、行き先を知っているのは、海軍側から乗り組んだ大佐だけだったという。

一一月二五日、輸送船は台湾の基隆港に着いた。翌日、高雄港に向けて移動。一一月末まで高雄港に停泊し、一二月二日に基隆港にもどった。台湾の北と南の港の間を往復しながら、実戦さながらの上陸演習を台湾の海浜でおこなった。

一二月八日、基隆港停泊中に船内で隊員たちはアジア・太平洋戦争の勃発を知った。

十二月八日零時四十分。突然、不寝番の非常呼集に全員飛び起き、まっくらな船内を手探りに軍装を整え甲板に急ぎ集合整列。空は満天降るような星空。燈火管制が実施され、容易ならざる事態が起こったことは判断できる。下倉中隊長の力強い第一声が発せられた。

「大元帥陛下におかせられては本日米英に対し宣戦布告の詔勅を発せられた。我々は本日より戦争作戦行動に入る。既に友軍はハワイにおいて交戦状態にある。我等の敵はアメリカ並びにイギリスである。わが中隊は近く作戦命令に従ってこの基地を出発する」中隊長のこのことばに、兵隊たちは、来るべきものが来た感であった。

先の連隊長のことばや無電ニュースによっても、いずれは戦争になると予期していたことであった。しかし、何か知れぬ不安が、かすめて通った。それは、死ということであった。この死を超越して今こそ行かねばならない。兵隊たちの決意は今こそ実感となって、体中に溢れるものがあった（前掲書、一五頁）

敬三さんもその夜、輸送船の甲板に整列し、対米英戦の始まりを聞いたはずである。心の内に、どのような思いが浮かんだのだろうか。やはり「何か知れぬ不安」、「死ということ」が胸中をかすめたであろうか。

上陸作戦中に戦死す

一二月一七日、敬三さんらの部隊を乗せた船は出港した。湾外でほかの輸送船、護衛の軍艦と合流し、大船団を組んで一路南下した。

一二月二一日午後二時一五分、上陸準備の命令が出た。「本船団は本夜半ルソン島リンガエン湾に達し、本隊は明払暁（みょうふつぎょう）ラウニヨン州サンチャゴ西方に上陸、同海岸並びにサンチャゴ駅一帯の敵陣地を攻略、これを確保し、我が比島派遣軍主力の上陸を援護する」（前掲書、一六頁）

一二月二二日午前二時半、すなわち深夜、リンガエン湾に入った輸送船団は上陸作戦を開始した。敬三さんら第一一中隊の兵士たちも完全軍装に救命胴衣を着けて、甲板から縄梯子を伝って上陸用舟艇に乗り移った。海には風が吹き荒れ、波も荒れて高かった。上陸用舟艇は大きく揺れた。午前四時過ぎに全隊員の移乗を終えた。上陸用舟艇は輸送船を離れた。

上陸用舟艇はエンジンも好調に海岸へ突き進む。兵隊の動悸はお互いの手にとるように高鳴る。着剣はきらめき、鉄帽の下に光る眼は血走り、銃を持つ手は汗となる。今こそ生死の関頭である。

海岸の鮮やかな椰子の緑がだんだん近づく。エンジン停止。兵隊はいち早くも舟艇から飛び出す。海中に胸までつかりながら二〇〇メートルばかりの海岸へ突進したが、いくらも行かぬうちに、引き波の勢いにさらわれ、一瞬にして二、三十メートル押し返されてしまう。とっさに背負い袋を捨て無我夢中に泳ぐ兵隊も数知れず。先に飛び出した者でもこんな状態であるから、後尾に海へ飛び込んだ者は当然背が立つどころではなく、装具を捨てて泳いで上陸しなければならなかった。しかし、ほとんどの兵隊は波打ち際にたどりついていた。兵隊はすぐに砂へ頭を突っ込むように伏せて戦闘態勢に入った。

〔中略〕

やがて、支援射撃のもとに一斉に第十一中隊は椰子林の敵陣地へ殺到したのである。

（前掲書、一八頁）

午前八時、第一一中隊はサンチャゴ駅一帯を制圧した。アメリカ軍とフィリピン軍の部隊は逃げ去っていた。

昨日まで平和そのものであったと思われるこの海岸も砲車のわだちや幾万の兵隊の靴跡と鮮血と死臭と砲煙に平和は消え去っていた。（前掲書、一九頁）

この上陸作戦で第一一中隊からは五人の戦死者が出た。そのうちの一人が木村敬三さんだった。昭和一六年一二月二二日午前七時一三分、サンチャゴ北方バヨンボック海岸で右鼠蹊部と大腿部に貫通銃創を受けて戦死。二五歳で、階級は陸軍上等兵だった。死後、一階級特進で陸軍兵長とされた。

この日午後七時、第一一中隊の所属する第三大隊はサンチャゴの北東にあるナギリアン飛行場を攻撃して占領した。六日後の一二月二八日、ナギリアンで第一一中隊による敬三さんら戦死者の慰霊祭がおこなわれた。戦死者は荼毘(だび)に付されて遺骨となっていた。霊前には現地の熱帯の果物と花が供えられ、ラッパが吹奏されたという。

敬三さんの戦死の報が大郷村の家族のもとに届いたのは、翌年の二月だった。そして遺骨が白木の箱に納められて届いた。

兄の勇さんが当時、敬三さんの死を悼んで詠んだ歌がある。

「菊薫る十月二日のあの佳き日征って来るぞの顔忘られじ」

「在りし日の汗して努めし稲稔り今日ぞ供えん君の御前に」

生と死の狭間

河瀬捨治郎さんがリンガエン湾に上陸した一九四二年二月末は、バターン半島に立てこもったアメリカ軍とフィリピン軍に対する日本軍の第一次攻略戦が失敗したあと、第二次攻略戦の準備をしていたときである。そして、同年四月三日、第二次攻略戦の火蓋が切られた。捨治郎さんの「陣中日記」の言葉からは、バターン半島の戦場での姿が浮かび上がってくる。

「昭和十七年三月三日、自動車ニテ「テナルピアン」ニ着ク。此処ニテ作戦準備」

テナルピアンは、南シナ海とマニラ湾にはさまれたバターン半島のつけねにあり、日本軍が作戦拠点のひとつにしていた。

「三月二十七日「テナルピアン」出発。「バタアン」攻撃ニ出発ス。今日午後三時頃、「テナルピアン」我ガ宿舎ニテ休ンデイルト、突然出発命令ダ。全員待チニ待ッタ日ハ来タ。早速出発用意ニ取リ掛カル。糧秣受領ニ行ク者、馬装具ヲ整理スル者。三月トハ云エ南方デハ夏デアル。全員汗ダクデ働ク。午後七時頃、準備終了。一同明日ノ出発ノ祝酒ヲ祝ウ」

突然、出動命令を受け、捨治郎さんら山砲兵部隊員は準備作業に追われた。隊員の食糧と軍馬の飼料を受け取りに行く者、大砲を運搬する軍馬の装具を整理し確認する者、みんな汗まみれになって働いた。

「三月二十八日　明ケテ二十八日、朝カラ自分ノ身廻リ品ヲ整理スル。昼食ハ毎日ト同ジ様ナ甘藍、玉葱、肉、砂糖ノスキ焼キ。午後モ引続キ作業ス。二時頃、小隊長ヨリ観測ハ陣地偵察ノ為先行スル事ニナリ、午後四時自動車ニテ目的地ニ向ウ。

二時間余リアスファルト道路ヲ走ルト今度ハ山路ニ入リ、道路ハ全ク悪クナル。自動車ハウーウー音ヲ立テ進ム。山路ヲ行ク事二時間。此ノ二時間ハ全ク永ク思エタ。我々ハ半死半生デ乗ッテイル。

午後八時頃「アボアボ」河畔ニ着ク。此所ハ参謀本部ノアル所デ、直グ本部ニ行キ、砲兵連隊本部ニ電話デ連絡シテ、我々ハ其所デ一泊スル事ニナリ、小隊長ト高村伍長ハ陣地ニ行ク。腹ハ減ッテ居ル。全クヤリ切レナイ。我々ハ炊事ヲ終リ、待ッテイルト午後九時頃帰ッテ来ラレル。ソレヨリ食事ヲ終リ、寝ル事ニシタ」

捨治郎さんは山砲兵部隊の観測班に属していた。観測班の任務は、戦場の地形を観測し、敵部隊の位置を銃砲の発射音や煙や夜間の発光などを手がかりに把握し、味方の砲兵部隊に知らせるのである。そして砲弾の弾着点を確認し、報告する。砲身の向きや角度を調整し、命中精度を上げるために、観測班は重要な役割を果たしていた。

その観測班が陣地偵察のため先行することになり、バターン半島の山岳地帯を自動車で走って、夜、前線に到着したのである。そして四月三日、総攻撃開始の日を迎えた。

「四月三日　午前十時ヲ期シ敵ノ最後ノ、「バタアン」ヲ一斉砲撃ス。私ハ敵陣ノ射弾観測ノ任ヲ帯ビ一線ニ行ク。川ノ下ノ方ニハ敵ガウロウロシテイタ」

「四月四日　午後、陣地偵察ノ為一線ニ向ウ。午後四時、歩兵連隊本部ニ着ク間モナク敵ノ砲撃ヲ受ケル。約五十発、弾ハ間近ニ落下。一時ハ生キタ気持チハナカッタ。夜ニナルモ又砲撃サル。我々ハ山腹ニ寝ル。高村伍長砲弾ニテ軽傷ヲ負ウ。間モナク砲列ヨリ通信手ガ保線ニ来ル。尚モ砲弾ハ落下ス」

昼も夜も激しい砲撃戦が続いた。捨治郎さんは最前線の歩兵陣地にまで行き、観測・偵察の任務を命がけで果たした。そこには砲弾が降りそそぎ、次々と至近距離で炸裂した。戦友が負傷した。生と死の狭間に置かれた一瞬一瞬だった。

バターン半島の死闘

「四月五日　小林小隊長ト我々ハ陣地偵察ニ行ク。飯ハ無イ。朝ニ食ヲ七人デ食べ出発。先ヅ歩連本部ニ着ク。昼ニナル。昼食ハ歩兵ヨリ乾パンヲ貰ウ。水ハ無イシ、暑サハ烈シイ。一同大変困ル。歩兵ノ話ニ依ルト前ニハ砲列ノ良イ陣地ハ無イト言ウ。仕方ナシ又左ノ陣地ニ行ク。朝カラ水ナク食ナク、喉ハ焼ケテタマラナイ。又二里バカリ山道ヲ行ク。途中、谷間ニ泥水ヲ見ツケテ仕方ナシニ呑ム。漸ク山砲大隊本部ニ着キ、又此処モ陣地無ク、帰ル。

午後五時頃、再ビ歩連ニ帰ル。中隊ヨリ連絡五名来ル。昼食モ持ッテ来テクレタガ、水ナク喉ニ入ラヌ。仕方ナシニ中隊ニ帰リ、間モナク出発用意ナル」

敵陣からの銃砲弾だけではなく、熱帯の酷暑、喉の渇きと空腹も捨治郎さんら兵士を苦しめた。

「午後七時出発スル。自分ハ頭ハ痛イシ腹ハ悪クナル。今日ノ水ノ加減ト思ウ。出発前ヨリ弾ハ雨ノ如ク来ル。月ハナク道ハ一寸先モ解ラナイ。非常ニ苦労シテ行ク。愈前進困難ニナル。中隊ハ一時休ミ、月ノ出ルノヲ待チ、出発スル」

部隊は困難な夜間行軍に出発した。捨治郎さんは頭痛と腹痛に耐えながら、重い足取りで暗い山路をたどったにちがいない。さらにアメリカ・フィリピン軍の銃砲弾が雨あられと飛んできた。部隊は、アメリカ・フィリピン軍が死守するサマット山攻撃に向かっていた。

「四月六日　午前二時頃、「サマット」ニ着ク。敵ハ我ヲ覚リ、射チ出ス。愈山路ジャングルニナル。伐採隊ヲ先頭ニ一歩一歩ト前進スル。昼頃、歩兵一線ニ着クト、又砲弾ダ。仲々正確ニ来ル。我々ハ木ノ根本ニ遮蔽スル」

サマット山を攻める日本軍に対し、アメリカ・フィリピン軍は必死の防戦をした。捨治郎さんらはジャングルの戦場で飛来する砲弾から身を守るために、必死で木の根本にうずくまった。

サマット山攻防戦は、大小三〇〇門に及ぶ火砲を集中し、さらに空からの爆撃を加えた日本軍が優勢となり、サマット山を占領した。撤退するアメリカ・フィリピン軍を日本軍は追撃した。

「愈コレカラ追撃戦ニ入ル。毎日泥ト汗ニマミレテ前進スル。至ル所、敵ノ死体ガ目ニ付ク」

アメリカ・フィリピン軍からの集団投降も始まり、四月一〇日、バターン半島のアメリカ・フィリピン軍は降伏した。日本軍はバターン半島の先端に近いコレヒドール島要塞への攻撃作戦に移った。

「四月十日頃ニ敵ハ降伏スル。十一時、我々ハ一線ヨリ下リ、第二ノ準備スル。

四月十二日「コレヒドール」戦ニ征ク為出発スル。途中ハ敵ノ降伏兵ガ続々ト後方ヘ下ル。全ク何万ヲ数エルデアロウ」

このとき捨治郎さんが目撃した、何万という降伏兵すなわちアメリカ・フィリピン軍捕虜の群れは、日本軍の監視のもと、バターン半島南端のマリベレスから北方の鉄道駅のあるパンパンガ州サンフェルナンドへ、八〇キロ以上（六〇キロ以上、一〇〇キロ以上など諸説ある）の道のりを歩かされているところだった。

降伏したアメリカ軍捕虜は約一万二〇〇〇人、フィリピン軍捕虜は約六万四〇〇〇人だった。バターン半島に立てこもっていた間に捕虜たちは、食糧不足から来る飢えとマラリアやデング熱や赤痢などの病気に苦しみ、体力を消耗していた。

そのような状態で、炎天下、食糧も水もほとんど与えられずに歩かされた捕虜たちのなかから、歩けなくなって倒れ、死んでいく人たちが続出した。歩けなくなった捕虜を日本兵が殺害したケースもあるといわれている。

死亡者の数は正確にはわからず、諸説あるが、五〇〇〇人から一万八〇〇〇人あまりと推定されている。後に、「バターン死の行進」と呼ばれるようになった事件である。日本軍側は捕虜虐待ではなかったとしているが、戦後、捕虜虐待の戦争犯罪として極東国際軍事裁判（東京裁判）で裁かれた。

マラリアに倒れて

「五月四日　出発。愈「コレヒドール」作戦始マル。自分ハマラリヤノ為参加出来ズ、残念デ堪ラナイ」

バターン半島の戦場では、捨治郎さんはじめ多くの日本兵もマラリアに罹り、高熱と嘔吐に苦しめられた。死亡者も出た。捨治郎さんの上官で、フィリピンの戦場でも行動を共にした小林正男小隊長（少尉）が、後に捨治郎さんの家族に送った手紙に、マラリアの熱病に苦しむ兵士たちの姿がこう記されている。

「一滴ノ水モナク熱帯ノジャングルノ中ヲ通リ、一口ノ飯モナク不眠不休ノ行軍、実ニ皇軍ナレバコソノ努力ニシテ之ガ無理ノ因トナリ、「マラリヤ患者」ヲ多ク出スニ到ル。其ノ状況ヲ今之ヲ思イ浮カブルダニゾットスル程ニシテ、中隊ノ九〇パーセント迄ハ患リタリ。連日ノ食欲不振ト高熱四十度ニ苦シメラレ、骨ト皮トニナル状況ナリ。後送中ニ息ヲ引取ル者、病院ノ門前ニテ息ヲ引取ル者、実ニ悲惨ト言ワンカ。小官モ之ニ患レル者ニシテ、幾度カ死ノ境ヲサマヨヒシモノナリ」

捨治郎さんの「陣中日記」は、次のように続いている。

「五月十一日　我々ハ「オロンガポ」ヨリ「サンフェルナンド」ニ帰ル。午後四時頃着ク。「コレヒドール」ニ行ッタ者ハ早帰リ、我々ヲ迎エテクレタ。夕方ヨリ自分ハ再ビ熱ガ出テ寝ル。

五月二十四日　「サンフェルナンド」病院ニ入院。遂ニ入院セネバナラナイ事ニナル」

捨治郎さんのマラリアの病状は重く、野戦病院に入院しなければならなかった。マラリアに倒れてからの日記の筆跡は、弱々しく乱れがちである。記述も非常に少なくなっている。

「六月十九日　中隊ハ出発シタ。自分ハ退院出来ナイ。アキラメタ」

結局、戦病者としてフィリピンから中国に後送されることになった捨治郎さんは、六月二八日、サンフェルナンドの野戦病院を退院してマニラに移動し、六月三〇日、輸送船に乗ってマニラを出港した。

「七月一日　台湾ノ高雄ニ着ク。
七月三日　出港（高雄）。
七月十三日　青島着。
七月十四日　午後四時出港（青島）」

台湾の高雄を経て中国山東省の青島へ、そして中国東北部、当時の満州に着いた。そこで一旦は回復しかけたが、マラリアが再発して高熱が出たため、八月四日、鉄嶺の陸軍病院に入院した。

その後、病状が悪化し、一一月八日に旅順の陸軍病院に送られた。だが、体は衰え、食は進まず、体温は三九度前後の高熱が続いた。一二月一九日、危篤状態となり、二〇日午後七時七分に捨治郎さんは息をひきとった。二四歳だった。階級は陸軍上等兵で、死後、二階級特進して陸軍伍長とされた。「陣中日記」は遺品として残された。

「陣中日記」の記述は、「七月十四日　午後四時出港（青島）」で途絶えていた。その後、マラリアが再発した捨治郎さんは、もう日記を書けなくなったのであろう。病死までの経過は、後に軍関係者から遺族に知らされたものである。

「弟たちは、体の頑丈な次男が歩兵としてフィリピンで戦死して、やはり同じように頑丈だった三男は山砲兵でしたが、フィリピンから中国までもどってきて、陸軍病院で病死しました。後でその病院の看護婦さんから聞いた話では、弟は「親父に会いたい……」と言うて、死んだそうです」

河瀬勇さんは、自分の戦場からの帰還と入れ替わるようにして戦場におもむき、命を落とした弟たちの面影を偲ぶように話した。

河瀬家の四人兄弟のうち、末弟の清さんも一九四四（昭和一九）年二月に現役兵として入隊し、八月から中国南部の戦地に送られたが、戦後、無事に復員した。

勇さん、敬三さん、捨治郎さん、清さん。河瀬家の四人兄弟全員が戦争に行った。勇さんは召集一回、敬三さんは召集二回、捨治郎さんと清さんは現役。兄弟たちに届いた赤紙が合わせて三枚、現役兵証書が二枚。四人のうち二人が遂に帰らなかった。

第五章

誰をどのように召集したのか

「赤紙が来たんかねー」

当時、兵事業務にたずさわる軍関係者、警察関係者、兵事係など地方行政当局関係者以外の大多数の国民は、どこで召集の人選がなされて、赤紙がつくられ、どのように赤紙が配られていたのかなど、その仕組みを知らなかった。それは軍事機密とされていた。

「どこに赤紙があって、どういう風に来るかは絶対に秘密でした。役場でも、兵事書類は兵事係や村長など限られた人間しか見ることはできなかったし、もちろん村人も兵事書類のことなど知りませんでした」

西邑仁平さんも兵事業務を取り巻く秘密の壁がいかに厚かったかを強調する。

「赤紙が来る」という言葉は、赤紙が主語になっており、まるで赤紙そのものが意思を持っているかのようだ。召集令状がつくられ、届けられる、その仕組みが皆目わからない以上、人びとは「赤紙が来る」としか言いようがなかったのにちがいない。

すなわち、国民にとって赤紙は、その秘密の壁の向こうから突然舞い込むものだった。いや、むしろ秘密の壁とは特に意識もせず、ごく当たり前に、自然に「来る」ものとして受けとめられていたと言えるかもしれない。
徴兵制という制度そのものが、学校教育や地域社会などを通じて、まさに当たり前のこととして国の隅々にまで浸透していた時代である。現役兵として中国戦線に赴いた大橋久雄さんも、「徴兵検査は当たり前、義務やから当然のことだと思ってました」と語っている。

「赤紙というのは、来るときには来る。そう思っていました」

と語るのは、山下ユキさん（仮名）である。一九二二（大正一一）年八月二一日に大郷村に生まれたユキさんは、六歳年上の兄、勇太郎（仮名）さんのもとに赤紙が届いたときのことをこう記憶している。

「それが昭和何年の何月何日だったのかは覚えていませんが、夜でした。母はお風呂に入っていて、父と兄さんと私は居間にいました。たしか西邑仁平さんがやって来て、「ご苦労さんですけど、お願いします」と言って、兄に赤紙を渡しました。兄は黙って受け取り、受領証に判子を押しました。西邑さんが帰ってゆくと、風呂場から母の声がしました。「赤紙が来たんかねー」「赤紙が来たんとちがうんかねー」と半分泣き声でした。風呂場は門口から入って右側のところにありましたから、母は気配で察したのでしょう。母は「赤紙が来たんかねー」と繰り返しながら、体が震えて立てなくなって、しばらくお風呂から出てこられませんでした……。兄はすでに一度召集されていて、母はいつまた赤紙が来るかと毎日びくびくしていたのです」

「そして、やっと出てきて、赤紙がやはり来たとわかると、「やっぱり来たかねー」と溜め息を何度も何度もつきました。半泣きの顔をしていました。いずれ来るとはわかっていても、いざ本当に来たとなるとね……。私も父も同じ気持ちでした。当時は、誰もが口にこそ出しませんが、兵隊に取られたくはなかった。兵隊に行くことは死ぬことで、戦地から生きて帰れる保証はないと、みんな思っていたんです……。あのとき、兄さんがどんな表情をしていたのか、よく覚えていませんが、覚悟はしていたのでしょう。特別なことは何も言わなかったと思います」

出征する兄を見送って

ユキさんは、召集令状がどういう手順で交付されていたかなど、まったく知らず、それは兄も父母も、周りの村人たちも同じだったという。

「いざ来たとなったらびっくりするけど、赤紙というのは、来るときには来る、自然に来るものだと思っていました。徴兵や召集の仕組みも、兵事書類があることも知りませんでしたし、また知ろうとも思わなかったんですね」

ユキさんの家は農家で、田畑の耕作と養蚕をしていた。桑畑があり、蚕を飼って、繭を出荷していた。四人きょうだいで、一番上に姉、次に兄、二番目の姉がいて、本人だった。

兄の勇太郎さんは一九一六（大正五）年生まれで、三八年の一月、二一歳のときに現役兵として敦賀の歩兵第一一九連隊に入隊。中国戦線で二年間の兵役を勤めたのち除隊し、予備役に編入されていた。その後、「三回も召集された」とユキさんは言う。三回のうち一回は、西邑さんが直接、召集令状を届けにきたのだった。

赤紙を受け取った勇太郎さんの出征の日、当時住んでいた大郷村の野寺地区にある西宮神社の境内に字（あざ）の住民が集まり、見送ってくれた。

「西宮神社は字の鎮守の宮さんで、みんなそこの氏子でしたから、出征する人はお参りしてゆきました。区長さんが激励の挨拶をしてくれて、そして兄さんが、「一生懸命、務めを果たしてまいります。年取った親がいるので、皆さん、どうか後を頼みます」と挨拶しました。私と姉たちはそこにいましたが、両親の姿は見えませんでした。父はたぶん人垣の後ろから、そっと見ていたんだと思います。母は家の玄関までしか見送りませんでした。もう、見てはいられなかったんでしょう……。赤紙が来てからは、村の人たちは、「おめでとうございます、おめでとうございます」と声をかけてくれます。しかし、家の者は心の中では泣いていても、涙は見せられません。女々しいことでも言えば、国賊と見られましたから」

当時、出征兵士の家族は人前で涙を見せられない時代だった。

「これは人から聞いた話ですが、ある家では息子さんが出征した日、そこのお母さんは寝床にこもってずっと泣いていたそうです。あの頃は、「生きて帰れと思うなよ　白木の箱が届いたら　でかした我が子あっぱれと　お前の母は誉めてやる」というような歌ばっかりでした」

勇太郎さんは村人たちの万歳三唱に送られて、北陸線の虎姫駅に向かった。一行は大人も、子どもも日の丸の小旗を振り、軍歌を歌いながら歩いた。ユキさんと姉二人も一緒に駅のホームまで見送った。

「兄が汽車の窓から身を乗り出して手を振る姿。それがもう見とられんのです。兄さんはどんな気持ちなんやろう。万歳、万歳の声に手を振って応えているけど、本当はどんな気持ちなんやろう、とばかり考えました。出征当日、家を出るときに兄さんと話す時間もなくて、私は、「後のことは心配せんでいいから……」としか声をかけられませんでした。兄に心配をかけまいと、一生懸命泣くのをこらえていても、目頭が熱くなってくるんや。そっと、わからんようにハンカチで涙をふいて。本当に、死ぬかもわからんのやで……。なんとしても生きて帰ってきてほしい。そう思いながら必死で手を振ったんです」

語るうちにユキさんは涙ぐんだような表情になった。

兄が戦地から帰ってきた日

当時、家族の誰かが出征中の家には、紺色地のプレートに日の丸と「出征軍人」という白抜き文字を記した札が掲げられた。その札は兵事係から渡された。そして、戦死者が出た場合は、白地に日の丸と「名誉の家」という黒文字が記された札を掲げることになっていた。

ユキさんの家の門にも、「出征軍人」の札が掲げられた。毎日の食事時には、勇太郎さんの無事を祈って陰膳（かげぜん）を据えた。陰膳とは、戦争、長旅、出稼ぎ、出漁などに出かけた家人の安全を祈って、留守宅の家族が食膳を供える風習のことである。

「昔は、家族一人ひとりのお膳があって、戸棚に並べていました。陰膳を据えるときは、兄のお膳に家族が食べるものと同じものを乗せて、兄の写真をお膳に立てて、柱のところに置きました」

勇太郎さんは召集令状を受け取ったあと、後に残していく両親と姉妹たちの生活を気にかけていたという。

「赤紙が来て、家を、村を後にしたら、生きて帰れるかどうかわかりません。だから、兄は長男として家族の暮らしが気がかりだったのです。特に田んぼのことは気にかけていました。当時、自分の家の田んぼもありましたが、小作もしていて、地主に小作料を払って田を借りていました。しかし、兄が出征して人手が減ると、小作の田んぼの仕事まで手が回らず、返さないといけなくなって、生活が苦しくなるのではないかと心配していたのです。だから、両親と姉たちと私は、兄が帰ってきたときにも田んぼで十分に仕事があるように、小作の田を返さずに一生懸命働きました」

その後、中国の戦地から軍事郵便で勇太郎さんの手紙が届くたびに、手紙を仏壇に供えて、ユキさんら家族は「仏さんとご先祖」に、勇太郎さんの無事を祈った。

一九四五（昭和二〇）年八月の敗戦後、勇太郎さんの消息は知れなかった。ユキさんら家族は気を揉んだ。どこにいるのやら、村役場からも連絡はない。しかし、戦死公報が届かない以上、どこかで生きているはずだと思った。「でも、筆まめな兄さんなのに、長いこと便りがなくて、どうなったんやろう」と心配した。

戦後、ときどき判明した日本軍の生存者の名前が新聞に載ることがあったので、ユキさんら家族は食い入るように紙面を見て、何度も勇太郎さんの名を探した。そして、翌年になって間もない頃、勇太郎さんの名前が生存者として新聞に載った。

「ああ、神仏、ご先祖さんが守ってくれはったんやと、心底思いました」

しかし、来る日も来る日も、「勇太郎の名前は載っとらんか……」とつぶやきながら、新聞に載った生存者名を目と指でたどっていた父親は、勇太郎さんが生きていたことを知って喜んだのもつかのま、その年三月五日に病死した。

五月五日、勇太郎さんは中国大陸から復員して大郷村に帰ってきた。戦後、役場から兵事係はなくなったが、復員者の出迎えなどの業務を担っていた西邑仁平さんが、長浜駅まで迎えにいった。勇太郎さんの家まで一緒に歩きながら西邑さんは、勇太郎さんの父親が亡くなったことを告げたという。

「兄はよれよれの軍服を着て、痩せ細っていました。私は「ほんま、兄さんなんやなー」と言って抱きつきました。兄も、「兄さんやで、ユキの兄さんやで……」と、抱きしめてくれて、二人して泣きました。母も喜んで、喜んで。待ちに待って、待ち抜いて、そうして、兄が命ながらえて帰ってきたんですから……。同じように出征した兄の同級生のなかには、戦死した人が何人もいました」

勇太郎さんは家の中に入ると、仏壇の前に座り、

「なんで、わしが帰るのを待っててくれなかったんや。元気に迎えてくれると思って帰ってきたのに、いやせんが……。もう二カ月、なんで待っててくれなかったんや」と、亡き父に語りかけながら号泣したという。

勇太郎さんはその年の一〇月に結婚し、田畑と養蚕を営んだ。子どもも三人生まれた。母親やユキさんら姉妹に、「自分が戦地に行っている間、よう田を守ってくれた」と、何度も言ったという。母親は九九歳まで生きた。勇太郎さんは、昭和が平成に変わってしば

らくしてから病気で亡くなった。

ユキさんは、兄が戦地から帰って来た日に抱き合って、互いに涙したときのことがいまも記憶に鮮やかだという。

「村内巡視心得書」

軍は、赤紙を受け取った応召員とその家族が、召集をどのように受けとめているのかを知ることを重視していた。応召員とその家族が動揺し、召集を嫌がるような言動をしたり、召集に応じないで行方をくらましたりしては、軍の戦力を損ない、銃後の国民の士気にも悪影響を及ぼすことになる。だから、応召員とその家族の反応を把握しようとしたのだろう。そのため、各市町村で兵事係は応召員とその家族の動向を調べるよう定められていた。銃後とは、戦場の後方を意味し、直接戦闘に加わらない一般国民や国内社会を指す。

西邑さんが残した兵事書類のなかに、召集に関する業務の手順を記した「動員実施業務書」がある。そこに、召集令状の発送を終えたあとにするべきこととして、「巡視係派遣」という業務が挙げられている。「令状発送後、巡視係ヲ命ジ村内ヲ巡視セシム」と書かれている。地区（大字）が一二ある村内を五つの方面に分け、役場の書記や書記補佐を巡視係として、それぞれの方面に派遣していた。ひとつの方面には、各地区の世帯数に応じて、一カ所から三カ所の地区が含まれていた。

巡視係の主な仕事は応召員の家を訪問することだった。巡視係が熟読し、心得ておくべきことを記したのが「村内巡視心得書」である。九つの項目が並んでいる。

一、令状交付後直ニ応召員ノ居宅ヲ巡視シ、令状ノ交付洩等ナキヤ否ヤヲ検スルト同時
ニ、本人及家族ヲ慰問シ慰安ノ念ヲ与ウルコト。
二、応召員若（モシ）クハ家族等ニ心得違等ノモノアルトキハ、之ヲ諭示シ且（カツ）後顧ノ念ヲ絶タシムル様懇（ネンゴ）ロニ諭スベキコト。
三、家計不如意ノタメ応召旅費ニ不足ヲ訴ウル如キモノニハ、繰替払ヲ請求セシムルコト。
四、令状裏面ノ心得ヲ読ム能ワザルモノニハ平易ニ説明シテ、確実ニ了得セシメ違法ナカラシムルコトヲ期スルコト。
五、令状裏面心得第一第十三項携帯物品ノ外留守担当者人名書、乗車証明書、白布（肩ニ懸ク）及応召当日携行スル一食分ノ弁当等忘レザル様注意スルコト。
六、到着日時ニ遅延セザル様注意スルコト。
七、傷痍疾病ニテ応召能ハザル者及其他ノ事故者ニハ、其手続ヲ教示スルコト。
八、召集通報人及本人ニ代リテ受領シタルモノノ居宅ヲモ巡視シ、万一通報未済又ハ違

法ノ取扱ヲナシタルトキハ直ニ通報ノ手続ヲナサシムルコト。

九、所在不明者ニアリテハ、百方捜索ノ手段ヲ尽クサシムルコト。

其他同郷人民義務上ヨリナシタル篤志ノ行為及応召員志気ノ状態ヲモ併セテ視察シ、帰還後該景況ヲ復命スベシ。

赤紙が届いた家に目を光らせる

つまり、応召員に召集令状が洩れなく渡ったかどうかを確認し、応召員とその家族にねぎらいと励ましの言葉をかけ、もしも召集を嫌がるような心得違いの者がいたら、その間違いをねんごろに諭して、後に残す家族への気がかりなど心配事にとらわれないよう言い聞かせよ、というのである。

また、決められた入隊日時に遅れないよう、携帯物品なども忘れないよう諸々の注意をし、病気や怪我のため召集に応じられない場合は必要な法的手続きをしなければならないと説明せよ、となっている。

さらに、応召員本人が不在で、家族や家主など召集通報人が代わりに赤紙を受け取った場合、本人に通報するのを怠るなど、違法な取り扱いがないかどうか調べ、仮にそのようなことがあればただちに注意して、きちんと応召員に通報させるよう指示している。もしも所在不明の応召員がいれば、百方手を尽くして捜させるように命じている。

そして、応召員の士気とその家族の様子はどうだったか、住民の様子はどうかなども含めて、巡視係は兵事係に報告をしなければならなかった。

このように巡視係は、応召員とその家族に不審な動きはないかどうか、住民の動向も含めて、目を光らせる監視者の役目も果たしていたのである。

わずかに残された、大郷村の一九三二（昭和七）年の「動員日誌」には、上海事変に際しての動員で、同年二月三日に一〇通の赤紙が配られたときの、巡視係の報告が載っている。


応召員志気最モ旺盛ニシテ、令状受領セバ直チニ体ヲ潔メ、自家ノ神仏ニ生還ヲ期セジトノ出征ノ旨ヲ告ゲ、家族又応召者ニ対シ志気ヲ激励シ、村民一般国家的観念盛ニシテ応召員ノ出発ニ際シテハ全村民挙ゲテ駅頭ニ歓送セリ。


つまり、赤紙を受け取った本人は士気も高く、体を清めたうえで、仏壇や神棚を拝み、生きては帰らぬ覚悟で出征していったし、家族もまた応召員を激励し、村人たちも愛国心が盛んで、出発する応召員を大勢で駅まで盛大に見送ったというのである。

この報告からは、巡視係は召集令状交付の直後に巡視するだけではなく、出征の日に至るまで、たびたび応召員の家やその地区を訪ねて巡視（監視）していたことがわかる。「動員日誌」には、同年二月二四日に赤紙二通が配られたときの、巡視係の報告も載っているが、その文章もほぼ同じ内容である。

しかし、山下ユキさんの話にもあるように、赤紙が届いた家庭の空気は、「家族又応召者ニ対シ志気ヲ激励シ」といえるような単純なものではなかったはずだ。親、兄弟姉妹、妻子の嘆息や落涙が、家族以外の者には知られないところで、繰り返されていたにちがいない。応召員本人もきっと複雑な思いでいたはずである。表向きは「志気最モ旺盛」な素振りを見せていたとしても。

だが当時は、応召員の家族は人前で涙など見せられない時代であった。召集に関して否定的な言葉や態度を表しでもしたら、「国賊」「非国民」と見なされ、指弾されるのは明らかだった。「動員日誌」に書き記される巡視係の報告が、こうした表面的な、決まりきった内容になるのも当然といえば当然だったろう。

秘密だった召集の仕組み

「当時、村の人たちはみんな、口にこそ出しませんが、自分の家に西邑が来なければいいと思っていたはずです。私が自転車に乗って走っていると、いったいどこに行くのか、どこかの家に赤紙を届けているのではないかと、いつもみんなが私を見つめて、注目していました……。兵事係が召集の人選をすると思い込んでいる人もいました」

「すでに何度も赤紙が届いて、息子さんたちが召集されていたある父親が、自分で捕った大きな鯉を私の家に持ってきて、「なんとか、もう自分の息子たちを召集しないでほしい」と、私に頼み込んだこともありました。自分が召集の人選をしているわけではないと、繰り返し説明しましたが、とても気の毒で、本当に弱りました……」

西邑仁平さんは顔を曇らせながら、当時、兵事係として難しい立場に置かれていたことについてふれた。

「誰をどのように召集するのか、その仕組みについては、兵事係も村長もまったく知りませんでした。軍で人選して決めてつくられた赤紙が、警察の手を経て役場に届き、私たちはただそれらを配っていただけなんです。しかし、召集の人選も、赤紙がどんな手順で来て配られるのかも絶対に秘密で、村人は誰も知りません。だから、兵事係の私を恨んだ人もいたでしょう。面と向かって言われたことはありませんが。そう感じていました……」

戦後六〇年以上過ぎて、兵事係という職務もなくなって久しいのに、西邑さんの心の中で、当時の記憶はいまだに生々しさを失っていないようだ。

召集の人選、召集令状の作成は、第三章でも述べたように、すべて軍がおこなっていた。充員召集は、参謀本部が各年度ごとにつくった「年度陸軍動員計画令」に基づいてなされた。有事に各師団が戦時編制に切り替える動員の際、増員すべき人数が「年度陸軍動員計画令」によってあらかじめ決められていた。一個師団の平時編制は兵員約一万人だが、戦時編制だと約二万五〇〇〇人から約三万五〇〇〇人に増員された。

陸軍で動員計画の立案・実施に関する役職を歴任した山崎正男氏（元陸軍少将）の「軍動員関係事項の概説」によると、「年度陸軍動員計画令」において、各師団の動員兵員数を決めるときは、各師団の配属部隊に在営（在籍）している現役の下士官・兵の人数と、各師団の師管（師団管区）内に本籍を有する在郷軍人の人数を把握して考慮した。仮に師管内の在郷軍人だけでは充足できそうにない場合は、他師団の師管内の在郷軍人から必要な人数を融通した。

在郷軍人の個人情報を収集

「在郷の下士官、兵については本籍の連隊区司令官が、兵籍、在郷軍人名簿等により、所定の資格（官等、等級、兵種、特業、役種など）を備えた者を選定し（ここで初めて、在郷軍人の各人ごとの動員下令時の所属部隊が決まる）、これを各部隊に配当する計画をたてる」（山崎正男執筆「軍動員関係事項の概説」、『国家総動員史』上巻、一八〇一頁）

誰を召集するのかを選定するための召集事務の要点は、召集対象者である在郷軍人の実態を常に把握しておくことだった。在郷軍人の人数、氏名、年齢、住所、職業、特有技能、軍隊在籍時の階級や兵種など、詳しい情報を集積していたのである。

そのために、連隊区司令部は市町村の兵事係を通じて在郷軍人に関する情報を集め、「在郷軍人名簿」の点検を怠らなかった。兵事係は在郷軍人の実態把握のための手足としての役割を担っていた。

たとえば、在郷軍人に住所変更や、養子縁組・婿入り・分家・氏名変更などによる戸籍上の異動があれば、兵事係は「在郷軍人身上異動票」を作成し、連隊区司令部に送付しなければならなかった。そして、住所変更や養子縁組や婿入りなどによって在郷軍人が他の市町村に転入した場合は、転入先の市町村に「在郷軍人名簿調製資料」を送付しなければならなかった。

「在郷軍人身上異動票」と「在郷軍人名簿調製資料」には、該当する在郷軍人の氏名、本籍地、転入先の住所、徴集年（徴兵検査を受けた年）、役種（予備役や後備兵役や第一補充兵役など兵役の種類）、兵種（歩兵や砲兵や憲兵などの種類）、官等級（軍での階級）、異動要旨（養子縁組や婿入りなど異動の理由）を記入するようになっていた。異動要旨に、参考として職業や健康程度が記される場合もあった。

連隊区司令部は、住所変更や養子縁組や婿入りなどによって在郷軍人が他の市町村に転入した場合は、「在郷軍人身上異動票」に基づいて、「在郷軍人身上異動ノ件通牒」という書類を転入先の市町村に送り、そこの兵事係に対して、転入してきた在郷軍人を新たに「在郷軍人名簿」に加えるよう命じていた。

西邑さんが残した兵事書類のひとつ、「兵事ニ関スル書類綴　自昭和八年　至昭和二十年」にも、在郷軍人の身上異動に関する書類がいくつも綴じられている。滋賀県彦根市役所や岐阜県養老郡牧田村役場などからの「在郷軍人名簿調製資料」、大津連隊区司令部からの「在郷軍人身上異動ノ件通牒」などである。在郷軍人の異動があれば、その都度必要な情報が地域を越えてこまめにやりとりされていたことがわかる。その情報に基づいて「在郷軍人名簿」の該当箇所も書き改められていた。

また、一九四一（昭和十六）年七月五日に敦賀連隊区司令官から大郷村長に宛てた、「在郷軍人身上異動票提出ニ関スル件通牒」という書類もあり、こう記されている。

兵役法施行規則第六十七条ニ依ル在郷軍人身上異動票提出ニ関シテハ、今般特ニ上司ヨリ其ノ整理ニ関シ、迅速確実ヲ期スル如ク取扱者ノ努力ヲ強要セラレタルニ依リ、此ノ際特ニ貴方係員ヲ督励シ、之ガ提出上遺憾ナキヲ期セシメラルル様御配慮相成度通牒ス。

つまり、「在郷軍人身上異動票」の提出と整理は迅速確実でなければならないから努力せよと、上司（師団司令部の？）から強く求められているので、大郷村でもその提出に不備のないよう兵事係を督励してほしいと、敦賀連隊区司令官が大郷村長に要請していたのである。

この書類からは、動員をとどこおりなく実施するために、召集対象者である在郷軍人の人数、氏名、居場所、家庭状況などを常に正確に把握しておくことがいかに重要だったかがわかる。同時に国家の網の目がいかに周到に張りめぐらされていたかもうかがえる。

「在郷軍人所在不明者」の捜索

しかし、その網の目からこぼれ落ちるように、あるいはくぐり抜けるように、所在がわからなくなる在郷軍人もいた。そのような者を兵事書類では、「在郷軍人所在不明者」と表記している。

「在郷軍人所在不明者」の存在は、徴兵適齢者なのに所在不明で徴兵検査を受けない「壮丁所在不明者」の存在と同様、軍にとっては頭の痛い問題だった。

大郷村の「兵事ニ関スル書類綴」（昭和八年～昭和二十年）に、「在郷軍人所在不明者ニ関スル件依頼」という文書が含まれている。敦賀連隊区司令官から一九三五（昭和一〇）年二月一九日に、徴集管轄下にある管内の各市町村長宛てに出されたものだ。

在郷軍人中所在不明者ノ捜索ニ関シテハ種々御配慮ニ預リ、逐年減少シ良好ナル結果ヲ挙ゲタル処、昨年ハ一昨年ニ比シ五十名ノ増加ヲ来シタルハ甚ダ遺憾ト存候（ゾンジソウロウ）。就（ツイ）テハ所在不明者一覧表別紙ノ通リ送付候ニ付、御多忙中恐縮ニ存候共、調査（捜索）方一段ノ御尽力相煩度及（アイワズラワシタキニオヨビ）、依頼候也。
追而（オッテ）、発見者アル時ハ其ノ都度御一報相煩度候（不明者アル時モ同ジ）。

ここで、敦賀連隊区司令官は管内の各市町村長に対し、日頃の「在郷軍人所在不明者」捜索の労をねぎらい、所在不明者が減ってきていたことにふれた後、しかし昨年は一昨年よりも五〇名も所在不明者が増えてしまったと遺憾の意を表している。そのうえで、「所在不明者一覧表」を送るから、捜索により一層力を入れてほしいと求めている。

添付された「在郷軍人所在不明者一覧表（昭和十年一月調）」には、敦賀連隊区の管内で所在不明者がいる、福井県と滋賀県と岐阜県の一市一五町七〇村に本籍を置く、計一四二人の氏名、徴集年、役種、兵科、官等級が載っている。このとき大郷村には所在不明の在郷軍人はいなかったようで、記載はない。だが、同じ東浅井郡では四つの村から計九人の所在不明者が出ている。

当時、日本全国で「在郷軍人所在不明者」が何人いたのかは、私が調べたかぎりでは資一料が見当たらないのでわからない。ただ、全国で五九あった連隊区のうちのひとつで、一四二人の所在不明者がいたことからすると、かなりの人数に達していたと考えられる。

その後、一九三六（昭和一一）年四月六日に大郷村長が虎姫警察署に提出した「在郷軍人所在不明者名簿」には、大郷村の在郷軍人で所在不明の者一名の氏名、本籍地、徴集年、役種、兵科、官等級が記載され、摘要欄にはこう書かれている。

昭和十年十月六日、所在不明。京都市ノ親戚へ立寄リタル形跡アリタル為、所轄警察署へ依頼シテ捜索中ナリ。

やはり「壮丁所在不明者」捜索の場合と同じく、各地の警察に捜索を依頼していたのである。また、所在不明者が発見された場合は、徴集管轄内の警察を経て連隊区司令部に報告がなされていた。

たとえば昭和八年八月一日付け、大郷村長から虎姫警察署長宛て、「在郷軍人所在不明者調査票」という書類は、その報告書である。「昭和七年十一月二十八日ヨリ捜査中ノ処、昭和八年三月一日所在発見。直ニ寄留ノ届出」という説明とともに、「在郷軍人所在不明者」が一名発見されたと書かれている。

あくまでも召集逃れを許さない軍・警察・役所（役場）すなわち国家の冷え冷えとした

意志が、兵事書類の束から立ち昇ってくるようだ。

「在郷軍人身上申告票」

軍が召集事務のために特に重視していたのが、在郷軍人の健康状態、職業、特業、特有技能を把握しておくことだった。

特業とは分業ともいい、軍隊在籍中に教育を受けて習得した特殊技能で、通信機器や大砲や機関銃などの操作技術、砲撃の弾着観測術、負傷兵などを運ぶ担架術、戦場で救急処置などのできる衛生兵としての技能などを指す。

特有技能とは、学校教育や職業を通じて習得した特有の技能で、自動車運転、船舶操縦、自動車修理、電信・電話機器の操作、木工や鍛冶などの技術、医師や獣医師や薬剤師の資格、外国語の会話能力などを指す。

在郷軍人の健康状態、職業、特業、特有技能を把握するために、軍は市町村長を通じて、在郷軍人一人ひとりに「在郷軍人身上申告票」を提出させていた。申告票の取りまとめや連隊区司令部への提出など実務は兵事係が担当した。

それは「陸軍在郷軍人職業申告規則」（昭和十五年）に基づくもので、毎年五月三一日までに、「在郷軍人職業年度申告票」を提出するよう定めていた。職業を変えた場合は、「在郷軍人職業異動届」を提出しなければならなかった。申告や異動届の提出をしなかった者に対しては、五〇円以下の罰金または拘留もしくは科料に処すという罰則もあった。「兵事ニ関スル書類綴」（昭和八年～昭和二十年）に、次のような書類が綴じてある。

昭和十七年五月十五日

東浅井郡大郷村長　奥村清五郎

各兵役関係者殿

在郷軍人身上申告方ノ件通知

今般其ノ筋ノ命ニ因リ、左記要領ニ依リ身上申告ヲ要スルコトト相成候條、調製上ノ注意熟読ノ上、来ル五月二十三日限リ当役場ニ申告相成度。

追テ右期日迄ニ申告無之場合ハ処罰セラルルコトアルニ付、期日ニ遅レザル様特ニ留意相成度。

尚留守担当者ニ於テ本書ヲ受領シタル場合ハ、速カニ本書ト倶ニ本人現住地ニ送付セラルベシ。

東淺井郡大郷村長　奥村清五郎

各兵役關係者殿

在郷軍人身上申告方ノ件通知

今般其ノ筋ノ命ニ因リ左記要領ニ依リ身上申告ヲ要スルコト、相成候條調製上ノ注意熟讀ノ上來ル五月二十三日限リ當役場ニ申告相成度

追テ右期日迄ニ申告無之場合ハ處罰セラル、コトアルニ付期日ニ遲レザル樣特ニ留意相成度

尙留守擔當者ニ於テ本書ヲ受領シタル場合ハ速カニ本書ト倶ニ本人現住地ニ送付セラルベシ

但シ應召ノ爲不在ノ場合ハ本人所屬部隊名等詳細解リ得ル樣準備ノ上役場ニ屆出ラルベシ

記載例

（本記載例ハ參考ノ爲保存セラレタシ）

在郷軍人身上申告票

住所		
本籍地	滋賀縣東淺井郡大郷村大字川道二百八十八番地	
現住地	大阪市此花區西島町四丁目百六十五番地	

徵集年　役種　兵種　部　官等級　職業　特有技能　戶主トノ續柄　氏名　生年月日

昭和17年5月15日付け、「在郷軍人身上申告方ノ件通知」

但シ応召ノ為不在ノ場合ハ、本人所属部隊名等詳細解リ得ル様、準備ノ上役場ニ届出ラルベシ。

その後に、「在郷軍人身上申告票」とその記載例が続いている。申告票には記載すべき項目の記入欄が並んでいる。

「氏名、生年月日、戸主トノ続柄、戸主名、住所（本籍地と現住地）、徴集年、役種、兵種部、官等級、職業、特有技能、戦歴、勲功記録、健康程度、召集通報人住所氏名」である。

「調製上ノ注意」として、こう書かれている。

職業欄ニ単ニ会社員又ハ職工等ト記入スルコトナク、何々会社何係等具体的ニ職業名ヲ記入スルコト。

特有技能欄ニハ自動車運転又ハ縫工、農工用発動機運転、自動車修繕等ト記入スルコト。

戦歴欄ニハ現役入営部隊、入営年月日、現役満期除隊年月日及事変召集関係ヲ記載例ニヨリ記入スルコト。

健康程度欄ニハ傷病軍人ハ第二項症又ハ第一目症等ト記入シ、現在ノ症状ヲ簡明ニ記入スルコト。

其ノ他ノモノハ野戦ニ適スルモノハ甲、内地勤務ニ適スルモノハ乙、全然勤務シ難キモノハ丙ト記入シ、乙及丙ニ属スルモノハ記入例ノ如ク記入スルモノトス。

書類の冒頭に「今般其ノ筋ノ命ニ因リ」と書いてあるだけで、敦賀連隊区からの命令であることは秘密にされている。そして、「期日迄ニ申告無之場合ハ処罰セラルルコトアルニ付」と、期日までに申告しないなら処罰もあると警告している。本人が不在の場合は、現住地にすぐに送るよう命じている。

職業や特有技能についても詳しく記すよう指示している。健康程度の「甲」は野戦すなわち戦場に出ることが可能だということである。「乙」は国内での軍隊勤務が可能、「丙」は入隊がほぼ不可能を意味している。

このように義務として一人ひとりの身上を詳しく申告させ、その内容を「在郷軍人名簿」に記入することで、軍は全国の在郷軍人たちの個人情報を握っていた。その情報は、健康程度や特有技能などに応じて誰と誰が召集可能か、つまり兵力・戦力として使えるかの把握に役立てたのである。

なお、同じ目的のために「在郷将校同相当官以下身上調査」「在郷下士官兵職業（特有ノ技能）健康度調査表」といった名称の調査もおこなわれていた。「在郷下士官兵職業（特有ノ技能）健康度調査表」では、「健康度」は次のように分類されている。なお、文中の

「劇務」とは激務のことである。

甲ハ健康ニシテ劇務ニ堪エ得ルモノ、乙ハ常務ニ堪ウルモノ、丙ハ現ニ病気中ノモノ又ハ虚弱ニシテ常務ニ堪エザルモノ、而(シカ)シテ丙ニ該当スルモノハ其病名ヲ附記スルモノトス（『久留米師団召集徴発雇用書類（十五年戦争極秘資料集24）』武富登巳男編・解説、不二出版、一九九〇年、五五頁）

海軍も同じように在郷軍人の職業と健康に関する調査をしていた。一九四〇（昭和一五）年一〇月七日に、舞鶴海軍人事部長から管内の市区町村長宛てに、「在郷状況調査ノ件依頼」が出されている。大郷村もそこに含まれていた。

一、市区町村長ハ在郷軍人名簿（充員名簿）及第一国民兵役名簿ニ依リ、同用紙ニ本籍地、官等級、氏名記入ノ上、夫々(ソレゾレ)本人ニ交付シ所要ノ記入ヲ為サシメタル上、当人事部予後備係宛送付相成度。

二、現職業種及健康状態欄ハ努メテ詳細ニ記入セシメラレ度。

三、本調査書送付完了時期　十一月末迄トス。

市区町村長　同日迄ニ必ズ管内本籍者全部ノ分ノ送付完了セシヤ否ヤヲ確メタル上、

其ノ旨直接当部宛御通知相成度。万一期日迄ニ送付ナキモノ有之場合ハ其ノ旨通知相成度。

予備役と第一国民兵役の下士官と兵全員に対し、職業や健康状態などの一斉調査を実施せよとの内容である。

在郷軍人の職業・特有技能を把握

「在郷軍人身上申告票」や「在郷軍人職業異動届」などのほかにも、軍は在郷軍人の「特業」や「特有技能」に関する調査をたびたびおこなっていた。その際、警察を通して管轄内の町村から調査結果が提出される場合もあった。大郷村の「兵事ニ関スル書類綴」（昭和八年〜昭和二十年）にも、そうした調査関連の書類が多数含まれている。

たとえば、昭和八年八月四日付け、虎姫警察署長から管轄地域の各村長宛て、「特業調査ニ関スル件」では、同年七月二〇日に敦賀連隊区司令部から命じられた在郷軍人の「特業調査」について補足説明がなされている。

特業トハ在隊在営中（勤務演習応召中モ含ム）教育（修業）ヲ受ケタルモノナリ。

例エバ、通信術、機関銃、歩兵砲、軽機関銃、観測術、担架術等ヲ云ウ。

「特業」とは何を指すのかが具体的に述べられている。

日中戦争の始まった翌年、昭和一三年七月二日付け、虎姫警察署長から大郷村長宛て「第二補充兵自動車運転免許証所持者調査方件照会」には、軍が在郷軍人の特有技能のなかでも重視していた、自動車運転免許証の所持者を調べよと書かれている。

其ノ筋ヨリノ要求ニ依リ、貴村内ノ第二補充兵ニシテ自動車運転免許証所持者ヲ調査シ、左記様式ニ依リ来ル七月十日迄ニ当署ニ報告相成リ度。

そして同年七月一一日に、大郷村長から虎姫警察署長へ「第二補充兵自動車運転免許証所持者ノ件」という報告書が、「第二補充兵自動車運転免許証所持者名簿」とともに送られた。それは同報告書と名簿の写しが残っていることからわかる。名簿には、徴集年、免許の種類、本籍地、氏名の欄があり、甲種免許と普通免許の所持者それぞれ一名ずつ、氏名と本籍地が記されている。徴集年は「昭和七年」と「昭和九年」である。

アジア・太平洋戦争が始まる前年の一九四〇（昭和一五）年七月三一日には、敦賀連隊区司令部から大郷村役場宛てに、「医師、薬剤師、獣医師免許登録其他件照会」が届いている。

「兵籍整理上必要ニ付、首題ノ件調査ノ上、別紙ニ記入、至急当部宛回報相煩度及照会候也」とある。医師や薬剤師は野戦病院などで働く軍医や看護兵に、獣医は軍馬を治療するために必要とされていた。

この照会に対しては同年八月三日に回答がなされた旨、兵事係の西邑さんによる書き込みがされている。名簿の写しなどは綴じられていないので、医師や薬剤師や獣医師の免許を持つ該当者はいなかったことがわかる。

対米英開戦を控えた一九四一（昭和一六）年六月三〇日には、大郷村長から敦賀連隊区司令官宛てに、「在郷軍人職業特有ノ技能調査ニ関スル件」という報告書が出されている。同年六月二三日に敦賀連隊区司令部から命じられていた調査の報告である。

報告書の写しには、予備役一八人の氏名、徴集年、役種、兵科、官等級、職業、特有技能が記されている。昭和一一年から一四年までの徴集で、全員が予備役で歩兵である。階級は軍曹二人、伍長四人、上等兵八人、一等兵四人。そして「職業、特有ノ技能」の欄には、こう書かれている。

満州飛行機製造会社機体計画検査課、ビロード製造、農業、毛糸人絹卸問屋店員、人絹商店員、日本輸送機株式会社事務係、県農会技手補、漁業、菓子商、絹織物整経手、郵便集配手、無職。

そのうちビロード製造が三人、農業が五人である。ほかは各一人である。前述した山下ユキさんの兄、勇太郎さんの名も名簿に載っており、昭和一一年徴集の上等兵、農業と記されている。

昭和一七年一〇月一〇日付け、虎姫警察署長から各町村長宛ての「露西亜語修得者調査ニ関スル件照会」は、ロシア語のできる在郷軍人がいるかどうかの調査命令だ。起こりうるソ連との戦いを意識して、軍は単に通訳としてだけではなく、文書解読・諜報・訊問などスパイ活動もできる要員を探していたのだろう。

貴町村内在郷軍人ニシテ露西亜語通訳要員修得者（修業中ノ者ヲ含ム）及露西亜語ノ通訳ニ適スル者ヲ左記様式ニ依リ調査シ、来ル十月二十一日迄ニ報告セラレ度照会ス。

「左記様式」とは「露西亜語通訳要員修業者（適性者）調査名簿」である。記入欄は「修得時期、修得場所、現在之ガ能力維持度、現住地、摘要、徴集年、役種、兵種官等級、氏名」である。「備考」欄には、「要員区分」として詳しい説明が書かれている。

甲種　文書・諜報・訊問・宣伝及交渉ノ能力ヲ有スル者。
乙種　文書・諜報及通訳ノ能力ヲ有スル者。
丙種　単ニ通訳ノ能力ヲ有スル者。
丁種　簡単ナル通訳ノ能力ヲ有スル者。

そして同年一〇月二三日に、大郷村長から虎姫警察署長宛てに、「露西亜語修得者調査ニ関スル件」で、「該当者無之候」と報告がされている。

陸軍だけでなく海軍も在郷軍人の特有技能を調査させていた。昭和一五年二月一六日付け、滋賀県学務部長から県内の各町村長宛て、「海軍在郷軍人特殊職業届出ニ関スル件通牒」には、こう書かれている。

舞鶴鎮守府召集事務取扱規程七十五条ニ依リ、特殊職業ノ免許証下付セラレタル者ハ前規程別表第三十一ニ依リ届出ベキコトニ相成候モ、未ダ届出タルモノ僅少ノ趣ニ有之候ニ付テハ此ノ際該当者ヲ調査シ、本月末日迄ニ関係警察署経由届出セシメラレ度。

つまり、自動車運転など免許証が必要な「特殊職業」を持つ者からの届出がまだ少ないので、兵事係に該当者の調査をせよと命じているのである。

兵士の「身材」

軍が在郷軍人の健康程度を「甲、乙、丙」の三段階で把握したのは、徴兵検査で徴兵適齢者を「甲種、乙種、丙種、丁種、戊種」の五段階に選別したように、誰と誰が必要な兵力・戦力として役立つのかを見分けるためだった。戦時の動員で在郷軍人を召集し、即戦力として使うためには、健康程度が甲で「野戦ニ適スル」「劇務ニ堪ヘ得ル」者がどこに何人いるのかなど正確な情報を集めておく必要があった。

富山県東砺波郡庄下村（現砺波市）の元兵事係、出分重信氏が密かに残した兵事書類とその証言を元に書かれた、『赤紙』（小澤眞人＋NHK取材班著）のなかで、富山連隊区司令部で動員担当者だった元軍人が、次のように語っている。

> 連隊区司令部では、明けても暮れても在郷軍人名簿の整理と、動員名簿の作成と要員の把握やね。だいたい毎日、富山県の警察管区から、在郷軍人の身上異動書というのが入ってきます。それをすぐに訂正しないと召集に支障があるので。
>
> 異動というのは、まず健康程度ですね。こちらが健康程度がこうだと思って赤紙を出すと、兵事係が「あいつは今病気で寝ている」とか「入院している」とかいうのがいる

ので、また別な要員を探して、赤紙を差し替えねばいけないのでね。それが頻繁にあったね。

〔中略〕在郷軍人名簿のどこを見るかというと、やっぱり健康程度と特業ですね。健康程度が甲であれば問題ない。丙はあまり召集しない。問題は乙の人。乙の人を召集しようとするときは、警察の兵事主任に連絡して、健康状態の確認をしてました。（『赤紙』、一五九頁）

そして、軍が執拗ともいえるほどの方法・制度によって、在郷軍人の職業、特業、特有技能に関する情報を集めていたのには、軍事上の大きな理由があった。それは現役兵の場合も同様で、「徴兵適齢届」に「職業」「特有技能」の記入欄があったことからもわかる。西邑さんがこう説明してくれた。

「各人の特技、つまり特業や特有技能を軍隊で活かすためなんです。その人の特技が活かせる部署に持っていく、配属するわけです。つまり、適材適所です」

それでは、軍隊で各人の特業や特有技能を活かせる部署とは具体的に何を指すのだろうか。

徴兵検査を受けて合格し、現役兵と第一補充兵として徴集される者たちを、各兵種に分けることを「選兵」（兵種の選定）という。「選兵」は連隊区司令官が責任をもっておこな

兵種選定標準表

区分		身材 視力	身材 其他	芸能職業
陸	歩兵	甲種 右左各〇・六以上 第一乙種 右〇・五 左〇・四以上並五「デオプトリー」以下ノ球面鏡ニ依ル各眼ノ矯正視力〇・八以上 第二乙種 右〇・四 左〇・三以上並五「デオプトリー」以下ノ球面鏡ニ依ル各眼ノ矯正視力〇・六以上	脚力強健ニシテ労力ニ堪ヘ且成ルベク聴力完全ナル者	要員ノ若干名ハ銃工、縫工、靴工卒ニ適スル者
	戦車兵	甲種乙種右左各一・〇以上ニシテ辨色力完全ナル者	聴力完全ニシテ膂力アリ且性質沈着ニシテ敏捷ナル者	成ルベク自動車又ハ發動機類ノ使用ニ慣レ且要員ノ若干名ハ通信ノ心得アル者及鍛工卒ニ適スル者
	騎兵	甲種乙種右左各〇・七以上ノ者	聴力完全身体軽捷騎乗ニ適シ性質敏捷言語明晰ナル者	
	野砲兵	歩兵ニ同ジ但シ自動車ヲ有スル砲兵隊中自動車ヲ取扱フ兵員ニ在リテハ辨色力完全ナル者	聴力完全ナル者	要員ノ若干名ハ鞍工、木工、鍛工卒ニ適スル者但シ自動車ヲ有スル砲兵隊ノ兵員ニ在リテハ其ノ要員ノ若干名ハ自動車、發動機類ノ使用ニ慣レタル者
	山砲兵		脚力強健聴力完全膂力アル者	
	野戦重砲兵		聴力完全ナル者	
	騎砲兵		概ネ騎兵ニ準ズ	
	重砲兵		聴力完全ニシテ成ルベク膂力アル者	要員ノ若干名ハ原動機、工作機若ハ電気機取扱、機械工業又ハ製鑵工業ニ慣レタル者

「兵種選定標準表」の一部（出典『兵役法関係法規』内閣印刷局発行、1927年）

う。その際の基準が、一九二七（昭和二）年に施行された兵役法施行規則の第一四五条に定めてある。まず、これから見ていこう。第一四五条は以下の通りだ。

身材、芸能、職業ニ基ク兵種ノ選定ハ附表第二ニ掲グル事項ヲ標準トシテ之ヲ為スベシ。

ここでいう「身材」とは一種の軍隊用語である。体格と健康程度と性質などによって甲、乙、丙などにランク付けされる兵士の身体を、軍を構成する材料・素材と見なしているのであろう。「芸能」も一般的な意味での芸能ではなく、様々な兵種に必要な特有技能を指す。「選兵」は各人の「身材と芸能と職業」に基づいておこなわれていた。

「附表第二」とは「兵種選定標準表」という長い一覧表だ。まず「区分」として、陸軍は歩兵、戦車兵、騎兵、野砲兵、山砲兵、野戦重砲兵、騎砲兵、重砲兵、高射砲兵、気球兵、工兵、鉄道兵、電信兵（通信兵）、飛行兵、輜重兵、看護卒（衛生兵）、磨工卒、輜重輸卒、補助看護卒。また海軍は水兵、航空兵、機関兵、看護兵、主計兵、短期現役兵。なお、卒とは兵卒の意である。

「身材」の欄は「視力」と「其他」に分けられている。「視力」は、たとえば歩兵では「甲種　右左各〇・六以上。第一乙種右〇・五左〇・四以上並五「ヂオプトリー」以下ノ球面鏡ニ依ル各眼ノ矯正視力〇・八以上」などと書かれている。また、各種砲兵では、「歩兵ニ同ジ。但シ自動車ヲ有スル砲兵隊中自動車ヲ取扱フ兵員ニ在リテハ、弁色力完全ナル者」とされている。他の兵種も似たような内容である。

「其他」は、例えば歩兵では「脚力強健ニシテ労力ニ堪へ、且成ルベク聴力完全ナル者」、戦車兵では「聴力完全ニシテ膂力（リョリョク）アリ、且性質沈着ニシテ敏捷ナル者」、山砲兵では「脚力強健、聴力完全、膂力アル者」、看護卒では「性質温順ニシテ患者ノ取扱ニ適スル者」、電信兵では「聴力完全、言語明晰ナル者」、などと書かれている。

つまり、歩兵は足が丈夫で脚力があり難行軍などに耐えうる者、戦車兵は耳がよくて腕などの筋肉の力が強くて冷静沈着かつ動作も敏捷な者、山砲兵は脚力があり腕力なども強い者、衛生兵は患者に対して温かく接することができる者、電信兵は耳がよくて話し方もはっきりしている者など、それぞれの兵種に必要な条件を挙げているのである。

各兵種に必要な特有技能

そして、各兵種に必要な特有技能として「芸能職業」の欄がある。

歩兵では、「要員ノ若干名ハ銃工、縫工、靴工卒ニ適スル者」とある。つまり、要員のうちいくらかの人数は、銃や銃剣の修理（銃工）、軍服などの縫製・修繕（縫工）、軍靴の修繕（靴工）に適する技能を持つ者を選ぶことになっていた。

戦車兵では、「成ルベク自動車又ハ発動機類ノ使用ニ慣レ、且要員ノ若干名ハ通信ノ心得アル者及鍛工卒ニ適スル者」とある。つまり、自動車や船などの発動機（エンジン）を操作できる者、電信電話など通信関係業務の経験者、鍛工すなわち鉄など金属を打ち鍛える鍛冶の技術を持つ者が、部隊に必要とされている。

以下、他の兵種の場合はどうか、いくつか例を挙げてみたい。

野砲兵、山砲兵、野戦重砲兵、騎砲兵「要員ノ若干名ハ鞍（アン）工、木工、鍛工卒ニ適スル者。但シ自動車ヲ有スル砲兵隊ノ兵員ニ在リテハ其ノ要員ノ若干名ハ自動車、発動機類ノ使用ニ慣レタル者」

重砲兵「要員ノ若干名ハ原動機、工作機若ハ電気機取扱、機械工業又ハ製罐工業ニ慣レタル者」

工兵「成ルベク船ノ使用、土工又ハ木工ニ適スル者。但シ要員ノ若干名ハ鍛工、石工、掘鑿（クッサク）、土木、建築等ノ業務ニ従事シタル者、又ハ発動機類ノ使用ニ慣レタル者」

電信兵「電信電話ノ通信又ハ建築業務ニ従事シタル者。但シ要員ノ若干名ハ鍛工、木工卒ニ適スル者。自動車、発動機、発電機類ノ使用ニ慣レタル者及電気機、時計器械ノ修理ノ技能ヲ有スル者」

鉄道兵「主トシテ鉄道ノ測量、建設、運輸又ハ機関庫業務（機関手、機関助手、検車手等）、工場業務（製図、組立、旋盤、仕上、製罐、精密機械及木、鍛、鋳工並（ナラビ）ニ電気機、発動機類ノ取扱等）ニ従事シタル者。但シ要員ノ若干名ハ石工又ハ船ノ使用ニ慣レタル者」

飛行兵「成ルベク電気機、自動車、発動機類ノ使用ニ慣レ、又ハ之ニ関スル製造修理ノ技能ヲ有スル者、但シ要員ノ若干名ハ鍛工、木工、写真術又ハ電信通信ノ技能ヲ有スル者」

輜重兵「要員ノ一部ハ自動車若ハ発動機類ノ使用ニ慣レ、又ハ之ニ関スル製造修理ノ技能ヲ有スル者」

看護卒「成ルベク学力ヲ有スル者」

機関兵「成ルベク機械若ハ汽罐ノ取扱、鍛冶工業、機械工業、鋳造工業製罐工業又ハ兵器ノ製造修理ノ業ニ慣レタル者」

このように各兵種に応じて、軍服の縫製、軍靴の修理、兵員・物資輸送の自動車運転、発動機の操作、軍馬の鞍作りと修理、兵器や機械の修理のための鍛冶・鋳造・旋盤、架橋・道路工事や陣地構築などのための木工・石工・土木・建築・測量、兵員・物資輸送のための鉄道建設・列車運転、電気、通信、写真撮影、現像にいたるまで、様々な特有技能が必要とされていた。

また、参謀本部が作成し、現在は防衛省防衛研究所図書館に所蔵され、『国家総動員史』上巻にも掲載されている「昭和十二年度陸軍動員計画令」には、戦時の動員時の部隊編制表が載っており、そこにも各種部隊に必要とされた特業・特有技能が記されている。それらをまとめると次のようになり、いかに軍が様々な特有技能を持つ人材を欲していたかがわかる。

通信手、無線通信手、自動車手、銃工兵、縫工兵、靴工兵、鞍工兵、蹄鉄工兵、喇叭(ラッパ)手、瓦斯(ガス)兵、看護兵、軍医、獣医、鍛工兵、木工兵、火工兵、観測兵、発動機工手、電機工手、旋盤工、組立工、仕上工、機械工、蓄電池工、電工、機関工。

たとえば、「歩兵（甲）連隊（車両）編制表」（人員三七四七人、軍馬五二六頭）の「備考」欄に、特業要員の人数が書かれている。

（六）連隊本部上（一）（二）等兵ノ内六〇ハ通信手（内五ハ瓦斯兵ヲ兼ネ別ニ無線通信手八ヲ含ム）、五ハ軍旗衛兵、九ハ伝令トシ、輜重兵上（一）（二）等兵ノ内蹄鉄工兵三、輜重兵特務兵ノ内鞍工兵少クモ三、鍛工、木工兵少クモ各二、縫工、靴工兵各一ヲ含有ス。

つまり、連隊本部の上等兵と一等兵と二等兵のうち、六〇人の通信手（八人の無線通信手を含む）が必要とされていた。補給物資の輸送に当たる輜重隊の要員としては、一等兵と二等兵のうち、軍馬の蹄鉄の製作・修理の技術を持つ蹄鉄工兵が三人、軍馬の鞍の製作・修理ができる鞍工兵が三人、兵器や機械の修理のための鍛冶ができる鍛工兵が二人、木工の技術を持つ木工兵が二人、軍服などの縫製・修繕ができる縫工兵が一人、軍靴の修繕ができる靴工兵が一人、それぞれ必要とされていた。

連隊を構成する中隊の編制表の備考欄にも、こう書かれている。

中隊上（一）（二）等兵ノ内機関銃手四二、重擲弾筒手（ジユウテキダントウシユ）一八、喇叭手四、瓦斯兵一〇、

（一）（二）等兵ノ内銃工兵少クモ三、縫工、靴工兵少クモ各二ヲ含ム。

そのうち、喇叭手とは部隊行動の合図に欠かせない軍用ラッパの吹ける兵士を指し、四人必要とされている。銃工兵とは銃器の修理ができる兵士のことで、三人必要とある。

また、「独立野戦重砲兵連隊編制表」の「備考」欄には、「中隊上（一）（二）等兵ノ内喇叭手一、観測手少クモ五、通信手一二、無線通信手二、自動車手三五、伝令一、瓦斯兵一五、火工兵少クモ四、鍛工兵少クモ五、機関銃手少クモ四、一（二）等兵ノ内木工、縫工、靴工兵少クモ二ヲ含有ス」と、書かれている。

トラックなど軍用自動車の運転ができる自動車手が三五人と、かなり多数必要とされている。

動員のための膨大な準備

つまり、軍隊は単に武器を手にして戦う兵員だけではなく、補給、輸送、通信、機械修理、土木、建築、医療など幅広い分野の技術を持つ兵員を含んでいたのである。別の言い方をすれば、戦争遂行のためには、戦闘部門を支えるこのような様々な技術要員が欠かせなかったのだ。むろんこうした技術要員も武装しており、いざとなれば戦うが、専らその技能を活かす軍務についていた。

だから、「徴兵適齢届」などに記された職業・特有技能を参考に、たとえば仕事が鍛冶屋だったら鍛工兵に、木工所に勤めていたら木工兵に、靴職人だったら靴工兵に、仕立屋だったら縫工兵に、各種機械の職人だったら機械工兵や銃工兵に、自動車運転ができれば自動車手にといった具合に適材適所で配属が決まったのである。軍隊在籍中にもそれら専門部署の教育・訓練を受けて、除隊後はそれらが特業として「在郷軍人名簿」に記されていた。

また、現役兵としての入隊時に特有技能を持っていなくても、入隊後にたとえば無線通信や観測や看護など様々な専門部署に配属され、教育・訓練を受けて特有技能を身につける者もいた。その場合は、それが特業として「在郷軍人名簿」に記されていた。

そして動員令が下され、各部隊の兵員を平時編制から戦時編制へと増強する際には、日頃から情報を集めて「在郷軍人名簿」に記していた在郷軍人の職業・特業・特有技能の情報を元に、各兵種に必要な専門的技能を持つ者を選び出し、赤紙を交付したのである。

このように軍事上の必要性から、軍は現役兵と在郷軍人の職業・特業・特有技能の情報を収集し、蓄積していた。

『日本陸軍の動員について』(防衛庁[現・防衛省])のなかで、かつて陸軍省兵備課に在籍し動員担当だった元軍人が、こう語っている。

各人の特有技能を出来るだけ活用するように召集されたときの部隊や職種をきめるようにやっているわけだ。（中略）動員になると本籍地を通じて召集令状が送られて、集まってくると各人の特殊技能に応じて部隊に組み込まれて部隊の戦力が最高度に発揮できるように、細かく計画されているんですね。計画的に充足されるようになっているのが動員なんです。そこに動員の為には平素から膨大な準備が必要であったゆえんのものなんです。（『赤紙』、一二三頁）

この「動員の為の平素からの膨大な準備」こそ、「在郷軍人身上申告票」「在郷軍人職業異動届」「在郷軍人職業特有ノ技能調査」「特業調査」「自動車運転免許証所持者調査」「医師、薬剤師、獣医師免許登録其他件照会」「露西亜語修得者調査」などであった。兵事係は軍の動員システムの末端として、「動員の為の平素からの膨大な準備」を全国いたるところでくまなく担っていたのである。

ただ、動員時の部隊編制で各種部隊に必要な特有技能を持つ兵士をそろえるのは、簡単なことではなかった。当時の日本社会では、自動車運転や無線通信や獣医など特殊な技能を持つ人材は限られていた。前述した富山連隊区司令部の動員担当者だった元軍人が、次のように語っている。

特業の頭数を合わせるのには苦労しました。動員には特別な要員として、自動車免許を持っている人が何名、船舶の乗船経験がある人何名とか、衛生、医者関係が何名とかいう割当があるんです。ラッパ手を何名とか。ラッパ手がどうしてもいないときは、地方（軍隊用語で一般社会の意）で楽団とかそういう組織をやっている若い人がいるでしょう。そういう者を集めるとか。

足りなかったのは、衛生関係の人や獣医、蹄鉄工兵とか自動車免許を持った人でした。今のように地方に自動車学校はないし、免許を持っておる人はある程度限定されるもんだから。これは代わりというわけにはいきませんのでね。難儀しました。

また、漁船の乗組員。エンジンを動かす兵隊が必要だったのでしょう。どうしても船の要員がいないときは、発動機の関係の会社にいた人とかを探して充てていましたけど。ほかの者は、縫工なんかは呉服屋とか仕立物屋とかを召集しました。これは苦労はなかったです。（『赤紙』、一六〇頁）

軍と警察と地方行政機関を合わせた、広範な官僚機構による動員・召集の巨大な制度・システム。それがあたかも制度・システム自体に意志があるかのように、精密に動いていた。その意志を国家意志と呼んでもいいだろう。兵事係はまぎれもなくその国家意志を末端で体現する存在だった。

戦時召集猶予者

多くの村人に赤紙を届けた西邑仁平さん自身は、召集はされなかった。

「兵事係は召集されなかったんです。自分は徴兵検査を受けて、補充兵役だったので、敦賀の連隊本部で軍事訓練を受けたことはあります。歩兵でした。兵事係になってから、自分は戦地に行かなくて済み、ありがたいと思いました。だから、自分は兵事の仕事をまっとうしないといけない、重い責任がある、と考えたんです」

兵事係が召集されなかったのは、兵事係が「戦時召集猶予者」(「戦時召集延期者」)に含まれていたからだ。

「兵事ニ関スル書類綴」(昭和八年〜昭和二十年)に、昭和一四年七月二一日付け、滋賀県学務部長から大郷村長宛て、「昭和十五年度戦時召集猶予者調査ニ関スル件」という文書が綴じてある。三枚綴りの一枚目に㊙の印が押されている。

海軍予備役、後備兵役及第一国民兵役海軍軍人又ハ海軍予備員ニシテ左ノ各号ノ一ニ該当シ、戦時召集猶予ノ必要アリト認ムルモノ有之候ワバ、八月一日現員ニ就キ御調査ノ上、別紙様式ニ依リ、町村長ニ在リテハ（小学校長同正教員ノ分ヲ含ム）八月五日迄ニ所轄警察署長ニ、各課長、市長（小学校長同正教員ヲ含ム）警察署長（町村ノ分ヲ取纏メ）ニ在リテハ八月十日迄ニ必ズ到達スル様御報告相成度。

右期日迄ニ報告ナキモノハ該当ナキモノトシテ取扱可致候条御了知相成度。

そして、「戦時召集猶予者」に該当する者を具体的に列記している。

一　警察署、市、町村又ハ之ニ準ズベキモノノ官公吏ニシテ兵事々務ヲ担当スル者。

二　官（公）立小学校長及同正教員。

三　測候所現業職員。

四　直接総動員ノ事務ニ従事スル者及総動員ニ必要ナル警備（警察職員及消防職員ヲ含ム）ノ職ニ在リテ、戦時余人ヲ以テ代ウベカラザル者。

五　前号以外ノ官衙学校ニ勤務シ、戦時緊要欠クベカラザル配置ニ在リテ、余人ヲ以テ代ウベカラザル者。

このなかの、「市、町村又ハ之ニ準ズベキモノノ官公吏ニシテ兵事々務ヲ担当スル者」というのが、まさに兵事係のことである。徴兵検査、召集令状交付、在郷軍人名簿の作成など、軍隊が必要な兵員を安定的に集め続けるための徴兵制の膨大な業務を熟知し、それを全国で担う兵事係は、軍にとって必要不可欠な存在だった。その兵事係を召集してしまうと、徴兵制の業務に支障を来す。だから兵事係は召集を猶予され、事実上、召集令状を受け取ることはなかったのである。

兵事係のほかにも、公立小学校の校長や正教員、気象観測に従事する測候所職員などが挙げられているが、四と五に該当する者については、「昭和十五年度戦時召集猶予者調査表」の記入例を見ると、具体的にわかる。

この調査票には、「現官（職）名、余人ヲ以テ代ウベカラザル理由、現住所、役種、官（職）等級、氏名」の各欄がある。「現官（職）名」と「余人ヲ以テ代ウベカラザル理由」の記入例として、次のように書かれている。

警視庁巡査、警視庁管内ノ総動員計画ノ事務ヲ担当。
職工、何造兵廠何部ニ於テ何兵器製造ニ従事スル熟練工。
書記、何商船学校ニ於テ教育事務ヲ担当ス。
二等運転士、水産局何丸乗組老練運転士トシテ緊要欠クベカラザル。
通信技手、電務局業務課ニ於テ無線受信器ノ性能試験ニ従事。

つまり、国家総動員計画の事務を担当する警察官、軍需産業で兵器製造に従事する熟練工、船舶の乗組員、無線通信の技術者などが、国家総力戦を支えるための国家総動員体制において、軍隊以外の分野すなわち銃後で必要な役割を果たすべき人材、「戦時召集猶予者」の具体例として挙げられている。戦時において、代われる人間がほかにいないというわけである。

「戦時召集猶予者調査表」は毎年度、作成され、警察を通じて軍に提出されていた。軍はその調査表を元に、軍が保管する在郷軍人名簿と照らし合わせ、「戦時召集猶予者」の氏名・住所などを把握、確認していた。

陸軍動員計画令と召集猶予

こうした「召集猶予者」の制度は、海軍だけではなく陸軍にもあり、一九二七（昭和二）年に制定された「陸軍動員計画令（永年計画）」に、その規定が載っている。「陸軍動員計画令（永年計画）」は参謀本部が作成し、陸軍大臣を通じて天皇に上奏され、允裁（勅裁）されたものだ。表紙には「極秘」の印が押されており、最高の軍事機密だったことがわかる。現在、防衛省防衛研究所図書館に所蔵されている。また、『国家総動員史』上巻にも掲載されている。

「陸軍動員計画令（永年計画）」第三章「動員準備」第六款「人員ノ充用区分」第四節「召集猶予人員」の項にこう書かれている。

左ノ各号ニ該当スル在郷軍人ハ動員計画上諸部隊ノ要員ニ充用セザルモノトス。之ヲ召集猶予人員ト謂ウ。

そして「召集猶予人員」が具体的に挙げられている。

其一　勅任文官ニシテ戦時余人ヲ以テ代ウベカラザル者、侍従及侍医
其二　外国ニ於テ職務ヲ執行スル官吏
其三　陸海軍官衙学校ニ在職シ戦時余人ヲ以テ代ウベカラザル者及特種ノ雇庸人、職工ニシテ必要欠クベカラザル者
其四　製鉄所ニ在職シ戦時余人ヲ以テ代ウベカラザル者及特種ノ技術ヲ有スル職工ニシテ必要欠クベカラザル者
其五　特種ノ技術ヲ要スル鉄道業務ニ従事シ必要欠クベカラザル者
其六　特種ノ技術ヲ要スル通信業務（船舶乗組者ヲ除ク）ニ従事シ必要欠クベカラザル者

其七　船舶職員試験規程ニ於テ逓信大臣ノ認可シタル学校ヲ卒業シ若ハ海技免状ヲ有スル者ニシテ現ニ船舶国籍証書ヲ受有スル船舶ニ乗組タル者

其八　船舶国籍証書ヲ受有スル船舶ノ乗組員ニシテ必要欠クベカラザル者

其九　帝国議会ノ議員

其十　道庁、府県庁、支庁（樺太、北海道ニ限ル）、警察署（樺太、北海道及市ニ属スルモノヲ除ク）、市区町村（之ニ準ズベキモノヲ含ム）ノ官（公）吏ニシテ兵事事務ヲ主管スル者各一名　朝鮮、台湾、関東州ニ在リテハ前項ニ準ズル者

其十一　警察署長及朝鮮、台湾、関東軍司令官ノ定ムル朝鮮、関東州及南満州鉄道付属地在勤並台湾蕃地勤務ノ警察官

其十二　現役中陸軍技術本部、陸軍科学研究所、陸軍航空本部技術部、陸軍造兵廠ニ在職シ軍需工業上必要欠クベカラザル技能ヲ有スル者

其十三　軍需工業上必要欠クベカラザル高等専門ノ学術ヲ修得シタル者

其十四　陸軍大臣ノ指定スル工場又ハ事業場ニ在職シ、戦時余人ヲ以テ代ウベカラザル者及特種ノ技術ヲ有スル職工ニシテ必要欠クベカラザル者

其十五　前各号ノ外、国家総動員業務ニ直接関与スル従業者ニシテ戦時余人ヲ以テ代ウベカラザル者

一の勅任文官とは、大日本帝国憲法下において勅命（天皇の命令）により任用される官吏で、高等官の一等と二等の者を指す。地位の高い官僚だ。侍従は天皇・皇后の側近に仕える役職者であり、侍医は天皇など皇族の診療をする医師である。

二は、海外の日本大使館などに勤務する外務省職員などだ。

三は、陸軍省や海軍省、陸軍科学研究所、陸軍士官学校、海軍兵学校など様々な陸海軍の機関の職員で、戦時に他の人間では代わりが務まらない者、および、それらの機関に雇われた職工（工員）で必要不可欠な者である。

そして、十の「市区町村ノ官（公）吏ニシテ兵事事務ヲ主管スル者」とは、兵事係を指し、特に兵事主任のことである。

国家総動員体制

其一から十五までを見ると、召集猶予人員（召集猶予者）には大きく分けて八つのグループがあることがわかる。

①国家行政機関の官吏（一、二）
②道府県市町村と警察における兵事事務（業務）関係者（十）

③帝国議会の議員（九）
④全国の警察署長、植民地朝鮮・台湾や関東軍管轄下の関東州と南満州鉄道付属地（中国東北部の一部）で勤務する警察官（十一）
⑤陸海軍の機関の職員とそこに雇われた職工（三、十二）
⑥軍需産業で働く専門技術者と職工（四、十三、十四）
⑦鉄道員と船員（五、七、八）
⑧通信技術者（六）

こうした「召集猶予者」の制度は、国家総動員体制を効率よく運営するために設けられていた。徴兵制による兵力動員のシステムを全国の市町村の現場で担う兵事係、兵器をはじめ様々な軍需品を生産する軍需産業の専門技術者と職工、兵員や軍需品などの輸送を担う鉄道員と船員、通信網を担う通信技術者。いずれも国家総動員体制を支える、「戦時余人ヲ以テ代ウベカラザル者」「必要欠クベカラザル者」とされていた。

『支那事変大東亜戦争間　動員概史（十五年戦争極秘資料集9）』（大江志乃夫編・解説、不二出版、一九八八年）に、次のような一節がある。なお同書の著者名は不明だが、参謀本部の編制動員課動員班に所属し、国家総動員体制の制度と実態を熟知していた参謀の一人が、詳細な内部資料を元に書いたと考えられる。

昭和二年陸軍動員計画令ニ於テ著目スベキハ、第一次欧州大戦ノ戦訓ニ鑑ミ創設セラレタル召集猶予者制度ナリ。之ハ国家総動員ト上余人ヲ以テ代エ難キ優良ナル素質ヲ有スル者ヲ確保シ、以テ国家総動員部面諸活動ノ中核的存在タラシムル意図ナリ（二六〜二七頁）

「召集猶予者」は国家総力戦を銃後において担う総動員体制の「中核的存在」として位置づけられていたのである。

「召集猶予者」の制度は、昭和一八年に改正された「陸軍動員計画令」（防衛省防衛研究所図書館所蔵）において、「戦時召集延期者」と改称され受け継がれた。「戦時召集延期者」の該当者が次のように列挙されている。

其一　侍従、侍医、東宮傅育官、皇宮警察官吏、皇宮警察部消防夫。

其二　陸海軍部隊ニ在職シ余人ヲ以テ代ウベカラザル者及特殊ノ雇用人、工員ニシテ必要欠クベカラザル者。

其三　鉄道又ハ通信業務ニ従事シ必要欠クベカラザル者。

其四　船舶（五十噸以上ノモノ）乗組員ニシテ必要欠クベカラザル者。

其五　民間航空乗組員ニシテ必要欠クベカラザル者。
其六　国土防衛ニ直接関与スル業務ニ従事シ必要欠クベカラザル者。
其七　陸軍大臣ノ指定スル工場又ハ事業場ニ従事シ必要欠クベカラザル者。
其八　都道府県、地方事務所、警察署、市区町村ノ官公吏ニシテ兵事事務ヲ主管スル者各一名。
其九　帝国外ノ地ニ於テ執務ヲ執行スル帝国官吏中、必要ナル者、並ビニ外地最高司令官ニ於テ必要ト認ムル者。
其十　帝国議会ノ議員。
其十一　国民学校教員中必要ナル者。
其十二　上記ノ外、国家総力戦遂行ノ為ニ特ニ緊要ナル業務ニ従事スル者ニシテ、余人ヲ以テ代ウベカラザル者。

『動員概史』によると、「召集延期制度」は、軍需生産のため余人を以て代え難い重要な役割を果たす者（技術者、特種研究員、その他生産の中核的要員など）の召集を延期し、生産増強に専念邁進させるための制度だった。

陸軍大臣がその年度における総動員の見通しを勘案して、軍動員上許容しうる範囲で、召集延期人員数を各業務部門ごとに各関係監督官庁に配当し、各関係監督官庁はその配当人員数内で、軍需生産上真に不可欠な者を選んでその名票を陸軍大臣に提出した。その上で陸軍大臣が召集延期該当者を決定したのである。

具体的な召集延期者数は、アジア・太平洋戦争が始まる以前は、一〇万人以下だったが、昭和一八年度になると約三八万人、一九年度は約七〇万人、二〇年度には約八五万人に上った。

「召集猶予者」(「戦時召集延期者」)の制度は、動員の業務に関わる軍関係者と警察関係者、地方行政機関の兵事関係者などしか知らない制度であった。極秘だったのは、国民から徴兵制の公平さに対して疑いを持たれないようにするためだった。

この制度は明らかに、赤紙で兵隊に取られるのを免れる特別扱いの制度だ。だから、その存在が知られて、国民の間に不満、厭戦感情、軍への反発などが広がるのを軍は恐れ、極秘にしていたのである。

第六章

兵事係と銃後

国防献金

兵事係の仕事は、徴兵検査の手続きや召集令状の交付など、男たちを軍隊へ、戦場へと送り出すことにとどまらず、もっと幅広かった。国防献金や戦地に送る慰問袋の取りまとめと発送、武運長久祈願祭の執行、出征軍人家族や戦没者遺族や傷痍軍人とその家族への援護、戦死の告知、戦死者の公葬や慰霊祭の執行など、戦場の後方にあって戦争を支える地域社会、すなわち銃後の護りにも深く関わっていた。

『上越市史　別編7　兵事資料』(上越市史編さん委員会編、上越市、二〇〇〇年)の「総説」(山本和重執筆)の「兵事業務」の「解説(総説)」に、銃後の護りに関係する兵事係の仕事が、こう整理されている。

軍事援護業務：応召(入営)兵士家族、傷痍軍人、遺族などの援護に関わるもので、軍事救護法(のち軍事扶助法)による救護の申請や給付は市町村役場を経由して行われた。また市町村役場内には尚武会や銃後後援会、銃後奉公会などの銃後後援組織が設けられて、法によらない援護も行われた。

葬送や恩賞・年金に関する業務：出征した兵士が戦死した場合、市町村長に戦死の電報が届く。これを「内報」といい役場から遺族に伝えられた。部隊長からの「戦死公報」と「戦死概況」も「内報」の数か月後に市町村役場を介して届けられた。また戦死者の葬儀は役場が主宰した。戦死者遺族や傷痍軍人には国から年金が支給され、また戦功のあった者には勲等や勲章などの褒章があり、役場ではその記録を保管した。

その他の業務：国防献金や、兵事団体（在郷軍人会・国防婦人会など）との連絡や指導など。（六〜七頁）

つまり、兵事係は戦地の出征兵士と銃後を結ぶ要ともいえる役割を果たしていたのである。

大郷村の兵事書類にも、国防献金に関する記述が出てくる。国防献金とは、兵器生産や軍人援護のための国民からの寄付金である。

たとえば、滋賀県民から寄付金を集めて軍用飛行機「愛国滋賀号（陸軍機）」「報国滋賀号（海軍機）」を購入し、陸海軍に献納する「防空兵器献納金」が、大郷村においては一九三三（昭和八）年一二月一四日の時点で、四四二七人から計四八四円二〇銭が、翌年三月三一日の時点で、追加分として六二〇人から計五二円四五銭が集まったとある。

滋賀県全体では計八万九八〇〇円が集まり、「愛国滋賀号」一機（九三式双軽爆撃機）を八万円で購入し、献納。一九三四（昭和九）年四月二九日の天長節（天皇誕生日）の日に、陸軍八日市飛行場で命名式をした。「愛国滋賀号」は式場上空を飛んだあと、飛行第三連隊の偵察機六機とともに県下市町村上空を謝恩飛行し、各市町村民はそれを歓迎した。

このように各県で軍用機を陸海軍に献納するなど国防献金の動きは、全国的なものだった。それは、一九三一（昭和六）年の満州事変と翌年の上海事変以後、国民の間で急速に高まった愛国熱・排外熱・軍国熱の結果であった。「満蒙は日本の生命線」といったスローガンが叫ばれ、国民の多くは軍の強硬路線を支持していた。満蒙とは、満州と内蒙古（内モンゴル）のことである。

『昭和の歴史4　十五年戦争の開幕』（江口圭一著）によると、国防献金は一九三一年一〇月三〇日に東京府目黒町駒場青年団が飛行機充実費二〇〇〇円を献金し、国防のための一〇銭醵金を全国の青年団にアピールしたことがきっかけだった。その後、飛行機その他の国防献金運動が全国に広がった。陸軍省は献金で製作された飛行機に〝愛国〇〇号〟と献金団体の名前をつけた。このアイデアは見事に当たり、各地・各界・各団体が献納を競い合うようになったのである。当時、それは「愛国機献納運動」と呼ばれた。

以後、こうした国防献金運動は、日本軍が中国に侵攻して出征軍人が激増する日中戦争（当時は「支那事変」と呼ばれた）の始まりとともに、一層広がっていった。

銃後の護り

西邑仁平さんが残した兵事書類のなかに、『湖郷の便り』という小冊子がある。日中戦争が始まった明くる年の一九三八（昭和一三）年一月に、滋賀県社寺兵事課員を中心とする「支那事変出動軍人遺家族援護会」が編集・発行した。中国戦線で戦う滋賀県出身の将兵に、郷土の近況と銃後の護りがいかに固められているかを知らせるため、県下の各市町村からの報告を載せている。「湖郷」とは琵琶湖を中心とする滋賀県の郷土を表している。この小冊子は各市町村から軍を通じて戦地に送る慰問袋に入れられた。

『湖郷の便り』の「編集後記」に、次のような一節がある。

暴戻（ぼうれい）支那軍膺懲（ようちょう）の聖戦に出動中の我が忠勇なる皇軍将兵各位には到る所堂々正義の軍を進め、あらゆる辛苦と闘いつつ昼夜兼行、全く目まぐるしい活躍は新聞にラジオに、或は映画に刻々と伝えられる。我等はその報道を知る毎に感謝と感激にむせぶ。

我等もまた銃後の護りに力強い行進を続けている。事変勃発以来、県庁でも動員事務の総元締の社寺兵事課は勿論、関係各課では文字通り昼夜兼行、徹宵につぐ徹宵と云う精励振り、これも出陣将兵各位の労苦を思えば、左程苦痛を覚えない。
本県出身将兵各位に、せめても郷土の近況をお知らせしたい念願で、十一月末これを企図したが、県下市町村のうちには直接近況通信をせられた向きも少なくない。本誌には全市町村の近況を掲載することを得ないことは残念だ。しかしここに近況を掲載していない町村と雖も、力強い銃後の護りを固められているは申すまでもない。

県の社寺兵事課から求められた郷土の近況報告は、兵事に関わる業務であり、各市町村の兵事係が調査、執筆したと考えられる。

『湖郷の便り』にも、各地で活発だった国防献金のことが出てくる。たとえば、大郷村と同じ東浅井郡の速水村からの報告には、こう書かれている。

「事変勃発当時、本村国防婦人会は八月の炎天を川原におりて、将兵の御苦労をしのぶために栗石拾いをなし、その汗の労資を国防献金にと差し出し、或は軍友会と共同して、ボロ、鉄屑、新聞紙、雑誌を村中よりよせ集め得たお金を国防献金にと差し出し、せめても の銃後の固めに努力しました。青年団、処女会の活動写真純益金、廃物利用献金等、本村諸団体の共同戦線に銃後を固めて居ります」

速水村では、国防婦人会が川原で拾った栗石（栗の実ほどの大きさの丸い小石で敷石などに使う）や廃品回収の売上金を、国防献金としたのである。

大日本国防婦人会大郷村分会の記念写真。前列中央の傷病兵を慰問したときか。前列左から9人目が西邑さん。（西邑仁平さん提供）

国防婦人会とは、正式名称を大日本国防婦人会という。一九三二（昭和七）年三月、上海事変に出動する陸軍部隊が大阪港から発つ際、身内の見送り人がいない若い出征兵士に同情した大阪の主婦たちが、兵士らに湯茶接待を始めたのを機に結成した。その後、陸軍の強力な後援を受け、折からの軍国熱の高まりとともに庶民層に支持され、全国各地に分会ができて拡大した。

この会は白いカッポウ着に「大日本国防婦人会」と書かれたタスキがけの姿で、出征兵士の見送り・接待、凱旋部隊の出迎え、傷病兵の送迎や慰問、戦死者遺骨の出迎え、出征兵士家族や戦没者遺族への慰問と労力奉仕、戦没者慰霊、国防献金運動の実践、戦地に送る慰問袋作りなど、様々な奉仕活動を繰り広げた。

発足時はわずか四〇人の会員しかいなかったが、陸軍の強い後押しが始まると、二年後には一〇〇万人を、一九三七年の日中戦争開戦時には四五〇万人を超えた。アジア・太平洋戦争が始まる四一年には、一〇〇〇万人近くにも達した。国防婦人会は国家総力戦のための銃後体制を支える有力な国策協力団体（兵事団体）だった。

大郷村でも一九三四（昭和九）年に、大日本国防婦人会大郷村分会として国防婦人会が結成された。大郷村の兵事書類のなかに、「大日本国防婦人会大郷村分会設立決議文」が残されている。

一、世界ニ比ナキ日本婦徳ヲ基トシ之ヲ顕揚シ悪風ト不良思想ニ染マズ国防ノ堅キ礎トナリ強キ銃後ノ力トナリマショウ。
二、心身共ニ健全ニ子女ヲ養育シテ皇国ノ御用ニ立テマショウ。
三、台所ヲ整エ如何ナル非常時ニ際シテモ家庭ヨリ弱者ヲ挙ゲナイ様ニ致シマショウ。
四、国防ノ第一線ニ立ツ方々ヲ慰メ其ノ後顧ノ憂ヲ除キマショウ。
五、母ヤ姉妹同様ノ心ヲ以テ軍人及傷痍軍人並ニ其ノ遺家族ノ御世話ヲ致シマショウ。
六、一旦緩急ノ場合慌テズ迷ワヌヨウ常ニ用意ヲ致シマショウ。

右各項ノ実行ヲ決議致シマス。

昭和九年十月三十一日　大日本国防婦人会大郷村分会

この六カ条は、大日本国防婦人会が実践上の宣言として打ち出した「宣言六ヶ条」そのものだった。その文言は陸軍省の軍人が起草し、陸軍大臣の加筆・決裁を受けていた。陸軍には、国防婦人会を後援することで、広範な婦人たちの愛国心を吸い上げ、銃後の護り・国家総動員体制確立のために利用する意図があった。

国策協力の婦人団体としては、一九〇一（明治三四）年設立の愛国婦人会もあった。上流階層の婦人を中心に、内務省や軍の後援を受け、出征軍人の送迎、慰問金集め、慰問袋作り、出征軍人家族・遺族の慰問などをおこなった。日中戦争開始時には全国に約三三八万人の会員がいた。大郷村にも愛国婦人会滋賀支部大郷村分会があった。

非常時の協力一致

速水村で国防婦人会とともに、国防献金のための廃品回収や出征軍人の家族・遺族への労力奉仕をしていた軍友会は、退役軍人と傷痍軍人からなる国策協力の兵事団体のひとつである。これは大郷村など全国各地にあった。『湖郷の便り』中の速水村からの報告に、次のような一節がある。

「各村々に於て秋の収穫に出征兵遺家族への労力奉仕は行われていますが、本村では軍友会を中心に、稲刈、稲扱き、臼すり等のお仕事の手伝いをなし、家族慰安と感謝を捧げています。家族の方への慰問には、村長、校長、区長、小学生徒が、月々廻り、出征兵の動静をお尋ねして、慰問文の発送、慰問袋の作製に非常時の協力一致の心をもって居ります」

軍友会とは別に、現役を終えて予備役や後備兵役や第一国民兵役に編入された者、現役は経験せずに第一補充兵役に編入された者などからなる、在郷軍人会もあった。陸軍省の指導のもと、一九一〇（明治四三）年に任意団体として発足した。正式名称は帝国在郷軍人会。全国の市区町村に分会があった。在郷軍人は動員時には召集の対象となった。発足当初の会員は約一〇〇万人で、一九三〇年代には約三〇〇万人に増えた。軍人精神と身体の鍛錬、軍事学術の研究、入営者への軍事教育、軍事講話会、武道会、射撃会、出征軍人の歓送迎、戦死者遺骨の出迎え、軍人の家族や遺族に対する慰問などの援護、忠魂碑の建立、慰霊祭の執行などの活動をした。戦時下の地域社会で強い影響力を持ち、軍国主義化と国家総動員体制の確立に大きな役割を果たした。

また、速水村で青年団とともに活動写真（映画）上映会の純益金や廃品回収売上金を国防献金した処女会とは、女子青年団とも呼ばれ、未婚の若い女性からなる地域の女子修養団体にして国策協力団体である。やはり大郷村など全国各地にあった。

このような各団体の事務や団体間の連絡調整も兵事係の仕事だった。

「戦時中、兵事に関するいろいろな団体がありました。私も在郷軍人会大郷村分会、大郷村軍友会、日本赤十字社大郷村分区などの事務局事務をしました。それぞれの団体行事を実施するために日夜奮闘したものです」と、西邑さんは述べている。

西邑さんは在郷軍人会大郷村分会理事や大郷村軍友会事務員、国防婦人会大郷村分会事務員など、各兵事団体の役職を兼務していた。

『湖郷の便り』には、大郷村からの報告も載っており、銃後の護りの活動が列挙されている。その全文は以下の通りだ。

1. 本村主催
（イ）出征兵見送り及犒軍（こうぐん）。
（ロ）武運長久祈願祭（三回）。
（ハ）遺家族慰問。
（ニ）防空演習充実徹底。
（ホ）秣（まつ）徴発応集。
（ヘ）慰問袋贈送（仏連寄贈品、児童作品を本村出身出征兵に贈る）
2. 各字主催
（イ）各字出征兵に慰問袋贈送。

(ロ)秋収穫に対し労力奉仕、各戸責任分担。
(ハ)生活改善規約励行。
3. 小学校及青年学校
(イ)事変教育
(一)事変講話――毎週月曜第一時実施。
(二)掲示教育――事変図、新聞記事画報。
(三)本村戦死軍人忠魂録編纂並訓話。
(四)節約実行と日本精神強調。
(ロ)遺家族慰問――学校職員、青年団処女会連合、各戸訪問忠勇美談集贈呈。
(ハ)慰問状発送――屑物蒐集売上金により職員児童作品を出征兵〇〇〇名に郵送。
4. 青年団、処女会、主婦会、国防婦人会
(イ)屑物蒐集売上金九拾八円献金。
(ロ)慰問袋贈送――毎月八十個調製献納。
5. 仏連
(イ)献金托鉢(献金八百円)。
(ロ)時局講演会――八木原少将閣下三角布教使講演――村民大会、感謝電報発送。
〇本村内主要出来事

恵まれない今年の天候と手不足な秋の取入れも、一般奉仕と隣保相助の力によって無事に完了することが出来たことは何より喜ばしい。

大郷村でもやはり、青年団、処女会、主婦会、国防婦人会といった団体が、屑物蒐集（廃品回収）の売上金を国防献金にしていた。また、村内の仏教寺院からなる仏連（仏教連合会）も、托鉢によって得たお金を国防献金にしていた。

出動部隊の歓送

前記の「1．本村主催」の活動は兵事係を中心とするものだ。「犒軍」とは、軍人の労苦をねぎらうという意味で、具体的には戦地への出動部隊が軍用列車で通過するときに歓送し、激励する行事のことである。

西邑さんによると、出動部隊が大郷村最寄りの虎姫駅を通過する時刻は、敦賀連隊区司令部から滋賀県学務部などを通じて事前に役場に連絡があり、昼間は兵事係の西邑さんが小学校の児童を引率して、曽根地区の田んぼなどから日の丸と旭日旗の小旗を振って見送ったという。夜は、村出身の兵士の目に留まるよう、稲藁に火をつけて見送ったという。

大郷村で赤紙を配った経験のある西尾保男さんは、日中戦争が始まった当時は小学生で、軍用列車を見送った思い出をこう話す。

「村の小学生たちは西邑さんに引率されて、姉川の鉄橋の近くに行き、敦賀連隊から出征する兵隊さんたちの乗った列車に向かって、日の丸と旭日旗の小旗を振りました。この土地出身の兵隊さんたちは、窓から身を乗り出して、行ってくるぞー、行ってくるぞー、と叫んでいましたね。ただ、その頃は勝ち戦でしたから、そうした見送りができたけれど、太平洋戦争が厳しくなったら、部隊は秘密行動をするようになって、夜中の列車での輸送に変わったし、召集令状を配るのも夜ばかりになったんです」

「兵事ニ関スル書類綴」（昭和八年～昭和二十年）には、「犒軍」に関する文書がいくつもある。たとえば昭和一〇年六月一八日付け、滋賀県学務部長から各市町村長宛ての「外山（トヤマ）部隊渡満ニ付犒軍方ノ件通牒」には、次のように書かれている。

　今回満州ニ派遣可相成（スベクアイナリ）外山部隊ハ、来ル本月二十六日ヨリ二十七日中ニ、本県管内北陸線及米原駅以南ノ東海道線通過、乗船地へ輸送相成候処（アイナリソウロウトコロ）、部隊ニハ本県出身将兵モ多数有之候ニ付テハ、盛大ニ犒軍相成候様致度（ヨウイタシタシ）。

　追テ犒軍ニ関シテハ、左記事項留意相成度申添候。

記

一、鉄道沿線各部落ハ各戸ニ輸送終結迄、国旗ヲ掲揚スルコト（可成列車ヨリ見易キ場所ニ出スコト）。
二、鉄道沿線各要地ニ昼夜共歓送迎立看板等（夜間ハ提灯松明等モ可ナラン）設置スルコト。
三、規律アル団体等ニテ駅プラットホーム内ニテ犒軍ヲ希望スルモノアルハ、当該駅ト協議シ、入場人員等定ムルコト。
四、軍用列車通過時刻ハ最寄駅ニ付承知セラレ度。
五、敦賀連隊区管内ハ前各号ノ外、其ノ郡町村会長ト協議ノ上、適当ニ処置スルコト。
六、米原駅ノ犒軍ニ付テハ曩ニ敦賀連隊区管内各町村長ニ通牒シタルトコロニ依ル。
七、京都駅ニテ面会希望ノ者ニ対シテハ便宜ヲ与エラレ度旨、同駅へ依頼シ置ケリ。

当時は、一九三一年九月の満州事変から四年目だった。満州事変は関東軍による満鉄線爆破の謀略をきっかけに起きた。日本が中国東北部に侵攻して建てた傀儡国家「満州国」では、抗日武装勢力の闘争が繰り広げられていた。日本軍は抗日武装勢力を「兵匪」「匪賊」と一方的に呼んで、弾圧のための掃討作戦（「討匪」）を続けていた。

満州には、日本内地から陸軍の師団が二カ年交替で派遣され、常時、三個師団が配備される態勢をとっていた。一九三五（昭和一〇）年六月末からは、金沢に司令部を置く第九師団が派遣されることになった。同師団は当時の師団長が外山豊造中将だったことから、「外山部隊」と呼ばれた。

第九師団には滋賀県出身将兵も多く、今回の大部隊での渡満に際して、歓送する「犒軍」が実施されることになったのである。鉄道沿線の家々は国旗を掲揚、沿線の要所要所に「歓送」の文字を記した立て看板や提灯を設置、駅のプラットホームでは歓送行事をするなど、細かい指示が出されていた。

地域ぐるみの行事

「犒軍」についての指示は、県庁から通達された内容が、郡内の各町村長を経て町村内の各区長や学校長などに対して通知された。書類の作成や各種の連絡は兵事係がしていた。「外山部隊渡満ニ関シ歓送迎其他指示事項」には、細かい指示が並んでいる。

鉄道沿線各部落歓送迎ノ件。

各戸ニハ輸送終結迄、国旗ヲ掲揚スルコト。注意、列車ヨリ見ユル処ニ出スコト。

歓送迎者ノ服装ニ就(ツイ)テ。

各団体会員ハ制服ヲ着用スルコト。殊ニ国防婦人会員ハエプロン襷掛ケノコト。

列車内ニ慰問品投入ニ就テ。

団体トシテ投入スルモノハ輸送指揮官ニ渡スコト。但シ飲食物・酒類ハ不可。

列車徐行間際、国歌合唱之件。

楽隊ヲ出場セシメ合唱スルコト。

各団体ノ歓送迎者ハ此際特ニ静粛ニセラレタシ。

歓迎煙火（花火）打揚ゲラレタシ。

各職業従事中ト雖モ、列車通過ノ際ハ一時作業ヲ中止シ歓送ノ意ヲ表スル様、町村又ハ在郷軍人分会ニ於テ指導スルコト。

現在の虎姫駅

虎姫駅プラットホームでの各歓送者の位置も決まっていた。男子青年学校生徒、在郷軍人会員、出動軍人家族、村長・吏員、名誉職・関係者、国防婦人会員、青年団員、小学校児童、中学校生徒が、整然と並ぶようになっていた。近隣の村からそれぞれ参加する人数も割り当てられ、駅構内への入場券も人数分配られていた。

添付された「第九師団渡満部隊（軍用列車）虎姫駅通過列車時刻表」には、六月二六日の夜から翌二七日の未明、早朝、午前にかけて、計一〇本の軍用列車の通過時刻が記されている。そのうち一本は一時停車することになっていた。

六月二十六日	午後七時十二分	敦賀軍需品其ノ他
〃	午後十時十三分	敦賀部隊及金沢輜重兵・工兵隊
〃	午後十時四十六分	金沢山砲隊
六月二十七日	午前二時〇九分	山砲連隊本部（停車）
〃	午前二時三十九分	師団司令部及騎兵連隊本部
〃	午前四時五十四分	旅団司令部及歩兵七連隊本部
〃	午前六時四十四分	富山・金沢歩兵隊
〃	午前八時〇三分	富山連隊本部
〃	午前九時四十三分	敦賀旅団司令部及敦賀連隊本部
〃	午前十一時二十分	鯖江連隊本部

大郷村出身の「満州派遣軍人」名簿も添付されている。敦賀歩兵第一九連隊所属の一〇名、金沢山砲兵第九連隊所属の一名、金沢工兵第九連隊所属の一名、計一二名の氏名と出身地区（大字）名が書かれている。

このように「犒軍」は村や町をあげての、地域ぐるみの大がかりな行事だった。出征軍人はいわば郷土の誉れ、栄えある「尽忠報国」の代表として、歓呼の声と旗の波で戦地に送り出されていった。

武運長久祈願祭

『湖郷の便り』には、大郷村はじめ村々からの報告に、「武運長久祈願祭」が催されたと書かれている。それは、出征軍人の健勝・健闘・勝利を郷土の神社において祈願する儀式で、戦争当時、全国各地でおこなわれていた。

たとえば東浅井郡速水村では、

「毎月必ず一日、十五日は学校を中心に伊豆神社へ参拝し、神拝詞をあげて皇軍将士の武運長久、国威宣揚の祈願祭を行わない時はありません」

また、伊香郡永原村でも、

「各部落を単位として毎月一回、区民一同氏神々社に参拝し、之等勇士の武運長久と皇軍の弥栄(いやさか)を祈願し、国威宣揚を念するものなり。又未明の朝、黄昏の夕にも神社仏院に祈願礼拝するものの姿を多く見受くる。銃後国民誠心の発路たり」

大郷村でも何度も催されているが、その具体的な内容を示す文書が、「兵事ニ関スル書類綴」(昭和八年~昭和二十年)にある。昭和一〇年八月一九日付け、大郷村長から各区長宛て、「現役軍人武運長久祈願祭執行ノ件」だ。

来ル八月二十二日午後三時、郷社川道神社ニ於テ本村各団体合同ノ下ニ現役軍人武運長久祈願祭執行可致候ニ付テハ、当日各戸国旗掲揚ノ上、精々参拝相成候様、御取計相煩度、此ノ段及通知候也。

この武運長久祈願祭の正式名称は「東浅井郡出身出動軍人武運長久祈願祭」という。一九三五(昭和一〇)年六月二六日と二七日に虎姫駅を通って、大阪港などから満州に出動していった「外山部隊」第九師団の、東浅井郡出身将兵の武運長久を祈願するものだ。虎姫駅での「犒軍」に続いて催された行事である。

祈願祭は同年八月二一日または二二日に、東浅井郡の東草野村から虎姫村まで計一二カ村で開催された。大郷村では二二日午後三時から川道神社でおこなわれた。「本村各団体合同」とあるように、大郷村の自治協会、神職会、在郷軍人会、青年団、国防婦人会、処女会による共催だった。兵事係の西邑さんは、村内の各区長や出動軍人家族など関係者への通知、各団体間の連絡調整など、事務局としての役割を果たしていた。

祈願祭に招かれた満州派遣の現役軍人家族の名簿も添付されている。全部で三五人。それぞれの現役軍人の家から父母のどちらか、兄弟姉妹か親戚の誰か一人が代表として参列した。父親が最も多く、二四人。母親は五人。兄が四人。姉が一人。家事担当（続柄は不明）の身内が一人。

「東浅井郡出身出動軍人武運長久祈願祭式順」という、式次第を記した文書もある。

時刻一同所定ノ座ニ着ク。

次　修祓（シュバツ）ヲ行ウ。

次　村内各神社御神霊ヲ降神ス。一同最敬礼。

次　神饌ヲ献ル。神饌ハ予メ献備シ置キ、コノイハ水壺及神酒ノ蓋ヲ取ル。

次　神職祈願ノ祝詞ヲ奏ス。一同最敬礼黙禱。

次　神職玉串ヲ献リテ拝礼。祭員列拝。

次　主催者総代（村長）玉串ヲ献リテ拝礼。一同列拝。

次　出動軍人家族総代玉串ヲ献リテ拝礼。家族一同列拝。

次　来賓総代玉串ヲ献リテ拝礼。

次　神饌ヲ撤ス。
次　村内各神社御神霊ヲ昇神ス。一同最敬礼。
次　主催者総代（村長）ノ挨拶。
次　天皇陛下・皇后陛下万歳三唱。東浅井郡出動軍人万歳三唱。
次　各退下。

以上

武運長久祈願祭は神職（神官）による修祓（清めの儀礼）に始まり、村内の各神社の祭神を招き寄せ、参加者一同の最敬礼、神饌（供物）の献上と進み、神職が祈願の祝詞を唱え、神職や村長や出動軍人家族総代などが玉串（神前にささげる榊の枝）をささげて拝礼するなどして、最後は天皇と皇后への万歳三唱、東浅井郡の出動軍人への万歳三唱で締めくくられた。粛々と執り行われたのであろう。

「満蒙ハ我ガ国防ノ生命線」

式次第の別紙に、「神職祈願ノ祝詞」の言葉が書かれている。

産土（ウブスナ）ノ大神ノ大前ニ大郷村長森松美、恐懼謹ンデ白（モウ）ス。日支事ヲ構ウルヤ既ニ数歳。忠勇ナル皇軍ハ兵匪ヲ剪除（センジョ）シ、国権ヲ保持シ、克（ヨ）ク皇威ヲ八紘ニ宣布シ、勇武ヲ中外ニ顕揚ス。抑（ソモソ）モ満蒙ハ我ガ国防ノ生命線ニシテ、其ノ治乱ハ直チニ我ガ国運ノ消長ニ関ス。然（シカ）ルニ中華民国ハ友邦ノ誼ニ悖（モト）リ、条約ヲ無視シ、我既得ノ権益ヲ侵害シ、亡状日ニ甚シキモノアリ。我ノ和平ニ眷々（ケンケン）タルモ、徒（イタズ）ラニ屈辱退嬰ニ終ル能ワザルナリ。

殊ニ曩（サキ）ノ清室ノ遺緒衆望ヲ負ウテ元主トナリ、以テ王道満州国家ヲ建設スルヤ、我ハ之ヲ助ケテ、以テ共存ノ栄ヲ求メ、唇歯ノ交ヲ固クセントス。然ルニ列国ハ東洋ノ実状ニ識スル所トナラズ、濫リニ我ヲ厭（エン）セントシテ、遂ニ離脱ノ止ムナキニ至レリ。

然ト雖モ、正邪ハ神ノ判スル所、曲直ハ天ノ知ル所、今ヤ満蒙ノ地、兵匪概ネ掃蕩セラレ、気沴（キレイ）漸ク治マルト雖モ、所在ノ兇徒ヤヤモスレバ雲集霧散シテ、鎮定寔（マコト）ニ容易ナラザルモノアリ。皇軍ノ労苦亦倍加セラルルモノ無キヲ保セズ。

茲（ココ）ニ外山部隊ノ出動ニ際会シ武運長久ヲ祈リ、願ワクバ大神ノ稜威（ミイツ）ヲ以テ皇軍ヲ加護シ、殊ニ本村氏子出身ノ出動兵何誰々、待機中ナル何誰々ヲ始メ、東浅井郡内各村出身ノ将兵ニ対シ厚ク神助ヲ給イ、恩頼ヲ忝（カタジケナ）クシ、健勝ヲ保チ、武勲ヲ輝カシ、以テ軍務ヲ全ウセシメラレン事ヲ、謹ンデ尊前ニ祈リ奉ル。


産土神すなわち郷土の守り神（氏神、鎮守の神）に、村長が村人を代表して謹んで申し上げる、というかたちをとった祈願の祝詞である。その要旨をわかりやすく書き表すと、次の通りだ。

日本と「支那」（中国）が事を構えた満州事変から数年が経つ。忠勇なる皇軍（天皇の軍隊）は「兵匪」（抗日武装勢力）を打ち払い、大日本帝国の国権を保持し、天皇の威光を世界にあまねく行き渡らせ、勇武の名を国内外に広めている。

そもそも満蒙（満州と内蒙古）は我が日本の国防の生命線であり、その地が安定するか乱れるかは直ちに我が国運の盛衰に関わってくる。それなのに中国は友邦のよしみに背き、条約を無視して我が国の既得権益を侵害し、甚だしく無礼である。我が国が和平に心ひかれて求めても、それはいたずらに屈辱的な後退にしかならない。

先年、清王朝の廃帝（溥儀）が先人の遺した事業と衆望を負って元首となり、王道楽土（王道に基づいて治められる安楽な土地）の満州国が建国された。我が国はこれを助け、共存共栄を求めて唇と歯のように密接な交わりを固めようとしている。それなのに、列国は東洋の実情を知らず、むやみに我が国を抑えつけようとしたため、遂に我が国は国際連盟を脱退せざるをえなかった。

しかし、正邪は神の判定することであり、正しいか誤っているかは天の知るところである。今や満蒙の地で、「兵匪」はほとんど討ち滅ぼされ、災いもようやく治まってきたとはいえ、ややもすれば凶徒らが集まったり散ったりして、乱をしずめるのも容易ではない。

皇軍の労苦も増している。

ここに「外山部隊」の出動に際して、武運長久を祈り、願わくは大神のご威光をもって皇軍を加護し、特に大郷村出身で産土の神社の氏子である出征兵士の誰々（一人ひとりの名前を読み上げる）、留守部隊で待機中の誰々（同じく読み上げる）、そして東浅井郡の各村出身の将兵に対して、厚い神助と恩恵をたまわるよう、健やかに武勲を輝かせて軍務をまっとうできるよう、謹んで祈り奉る。

国民の戦争支持の熱意

この武運長久祈願の祝詞に表れているのは、満州事変以来の忠勇なる皇軍の武力行使は正義の戦であり、大日本帝国の勢威を高めるものだという意識である。それは当時、国民の大多数が抱いていた「満蒙は日本の生命線」という意識と重なっていた。

当時の日本では、満蒙は日清・日露の両戦争を通じて、「十万の生霊、二十億の国帑（国費）」という莫大な犠牲によって得た日本の「聖地」と捉える国民感情が強かったのである。皇軍に抵抗する者は「兵匪」だと見なしているのも、自らの正義を疑っていなかったからだろう。

文中に「我既得ノ権益」という言葉が出てくるが、それは当時いわれていた、満蒙における日本の「特殊権益」を指す。南満州の遼東半島（関東州。旅順や大連など）租借権（他国の領土の一部を借り受けて統治権を行使する権利）、南満州鉄道（満鉄）の経営権、撫順と煙台の炭鉱経営権、満鉄付属地の行政権と駐兵権、中国側による満鉄並行線敷設の禁止権、日本人居留民への領事裁判権（治外法権）、南満州での土地商租権（商工業・農業用の土地の借用や所有の権利）、南満州での居住・往来と商工業の自由権などである。

こうした「特殊権益」は、日露戦争に勝利してロシアと結んだ一九〇五（明治三八）年のポーツマス条約（日露講和条約）と、第一次世界大戦中の一九一五（大正四）年に日本が中国に強要した「対華二十一カ条要求」に基づく「南満州及東部内蒙古に関する条約」によって得たものだった。「（中華民国ハ）条約ヲ無視シ、我既得ノ権益ヲ侵害シ」とあるのは、上記の条約によって得た日本の「特殊権益」を中国側が侵害しているという意味である。しかし、それは日本側の一方的な見方だった。

当時、半植民地状態にあった中国は、欧米列強や日本に強いられた不平等条約を改め、国権を回復しようとしていた。それは民族の悲願だった。特に満蒙における日本の「特殊権益」は、中国側から見れば、日本が軍事力や軍事的・政治的圧力で奪ったものであり、満州の植民地化を進める侵略的なものだとして、国権回復運動の焦点になっていた。

実際、満州事変の前から、中国側は租借地関東州と満鉄の回収、日本軍（関東軍）の撤兵、治外法権の撤廃、鉱山採掘権や土地商租権の否認などを求めていたのである。満鉄並

シ」と映るが、中国側からすれば正当な反植民地・国権回復運動であった。

このような中国側の動きに対して日本側では、「特殊権益」を守るには武力行使により満蒙を占領・領有すべしという気運が、陸軍、特に関東軍を中心に高まり、満州事変につながっていった。その背後には、国家総力戦に備えて満州の資源と市場を独占し、満州を対ソ連の一大軍事基地とし、朝鮮での植民地統治もより確かなものにするという、日本軍部・政府・財界に共通の意図があった。

そして国民の大多数は、戦況を華々しく報じて軍部の強硬路線を支持する新聞やラジオやニュース映画などの影響もあり、戦争支持に染まっていった。そこには、日清・日露戦争の犠牲によって得た「特殊権益」「生命線」が侵害されているので、それを守るために戦うのだという、ある種の被害者意識こそあれ、他国を侵しているのだという加害者意識は見られない。

大郷村での武運長久祈願の祝詞には、当時のそのような国民意識と戦争支持の熱意が反映されている。同様の祝詞は全国各地の武運長久祈願祭でも唱えていたのではないだろうか。武運長久祈願祭は、出征兵士の家族をはじめ銃後の人びとが、大日本帝国臣民として戦争と出征の意義を、郷土出身者を戦地に送り出すことの意味を、身近な産土神の前で共に再確認する儀式だったともいえる。

戦地と銃後を結ぶ慰問袋

「外山部隊渡満ニ関シ歓送迎其他指示事項」には、「出発後ノ処置ニ就テ」という項目もある。郷土出身の将兵を含む第九師団の満州への出動後、銃後の護りをいかに固めるかについての指示である。

1．出動軍人留守宅表示之件。国旗ヲ掲揚スルコト。門標添付スルコト。
2．慰問品送付之件。各地ノ新聞ヲ送ルコト。小・中学校生徒ノ慰問文ヲ送ルコト。海軍関係ニモ慰問袋ヲ送ルコト。
3．慰問使派遣之件。昭和十一年度ニ於テ在満兵慰問ヲ兼ネ満州国視察団ヲ派遣ス。各県市町村長、各種団体代表者（国婦ヲ含ム）。
4．信書発送ノ場合ハ左記ノ通リ宛名記入ノコト。
外山部隊又ハ島本部隊トスルコト。内地ハ金沢第九師団司令部トスルコト。
5．武運長久祈願祭施行之件。各市町村毎ニ適宜実施スルコト。各県ヨリハ神職ニ積極的ニ行フ如ク通牒セラレタシ。

このように、武運長久祈願祭は地方行政機関を中心に組織的におこなわれていた。また、「慰問品送付、慰問文、慰問袋、慰問使派遣」とあるように、戦地と銃後を結ぶものとして慰問が重視されていた。

満州事変以後、国防献金の場合と同じように、国民の間に起こった慰問ブームについて、『昭和の歴史4　十五年戦争の開幕』にこう書かれている。

> 陸軍省はじめ、各地の師団・連隊・警察・役場・新聞社などには、続々と慰問金や慰問品が届けられ、それにまつわる無数の美談がニュースとなった。子供二人と老母を女の細腕で養う貧しい家計から、身を削る思いでためた金三円を慰問金に差し出した大阪被服支廠の二七歳の女子工員の「健気な美談」が新聞にのると、こんどはそれを読んで、「日本の女性の誇り」と感激した別の女性が、一〇円を慰問金に、一〇円をその女子工員の家庭へ送ったことがまた美談として報道されるというように、新聞を触媒として美談は連鎖反応を起こしていった。（一一三～一一四頁）

同書によると、満州事変が起きてから四カ月たらずの間に、二一八万三八五〇円もの恤兵金（慰問金）と一五三万三四九五個にも及ぶ慰問袋が陸軍省に届けられた。恤兵とは、金銭や物品を寄贈して戦地の将兵を慰めることである。

慰問袋の発送。昭和10年、大郷村役場前。後列左から3番目が西邑さん（西邑仁平さん提供）

慰問袋は横三〇センチ、縦四〇センチくらいの布袋（多くは白木綿の袋）で、戦地の将兵が喜びそうな品物を入れて送った。一般的には、慰問文、慰問の絵、お守り、煙草、缶詰、娯楽雑誌、ブロマイド、新聞、手ぬぐい、下着、石鹼、封筒、便箋、鉛筆、仁丹、菓子、薬などを入れた。慰問文には、戦地の将兵への激励と感謝、郷土の近況と銃後の護りなどが記された。慰問袋は戦地の将兵を励まし、その士気を高める役割を持っていた。

滋賀県出身将兵に、郷土の近況と銃後の護りを知らせる小冊子『湖郷の便り』にも、日中戦争下での戦地と銃後を結ぶ活動として、慰問袋に関する報告が出てくる。たとえば、速水村の報告にはこうある。

「一番好きな煙草に困って居なさると聞いて、八日市処女会は率先して慰問袋の作製にかかり、本村役場を通じて真心の品々を早く戦地へお送り下さいと届けてくれました」

大郷村でも、「慰問袋贈送（仏連寄贈品、児童作品を本村出身出征兵に贈る）。各字出征兵に慰問袋贈送。青年団、処女会、主婦会、国防婦人会、慰問袋贈送——毎月八十個調製献納」と、活発に慰問袋を送っていた。

西邑さんが保存していた当時の大郷村役場の写真のなかにも、役場玄関前に山積みにされた慰問袋と村役場職員の記念写真があり、西邑さんも写っている。慰問袋の取りまとめと発送も兵事係の仕事だった。

慰問袋は、中に入れる品物を各家庭でそろえたり、国防婦人会、青年団、処女会、在郷軍人会などの団体ごとに、あるいは学校ごとや職場ごとにそろえたりして、市町村当局が取りまとめ、軍の恤兵部に集められて、戦地に送られた。

慰問袋に入れる品物は自費や寄付金で買い求めたり、寄贈品を集めたりしていた。そのような自発的な慰問袋のほかに、各道府県が各市町村に慰問袋数を割り当て、各市町村は町内会や部落会を通して各家庭に割り当てる方式で集めたものもあった。

『湖郷の便り』の伊香郡永原村からの報告には、「(支那)事変勃発と同時に県当局の指示に従い、本村よりも毎月五十個の慰問袋を発送し、出征将兵の労苦を犒(ねぎら)う一端となしつつあり」と書かれている。また、東浅井郡七尾村の報告にも、「慰問袋を各戸より拠出」とある。伊香郡南富永村の報告にも、「慰問袋、国防献金、軍需品の徴発には進んで応じており」と書かれている。このように、行政当局による各家庭への割り当てを通じた、組織的な慰問袋の取りまとめと発送もなされていた。

また、兵事係の仕事として、村出身の軍人が国内にいるときに部隊を訪ねて面会したり、陸軍病院などに入院中の傷病兵を見舞ったりする慰問もおこなった。西邑さんはその当時の様子をこう語った。

「在郷軍人会長、村長、小学校長、各区（大字）長などと一緒に訪ねて、在郷軍人会規定の金一封（慰問金）を手渡したりしました。ときには家族からの通信やお金を届けることもありました。事前に慰問日を先方の連隊本部に届けていたので、各連隊の面会所一カ所に村出身の兵士を集合させていてくれたんです。郷里の様子や家族のことなどを話すと大変喜ばれました。慰問先は敦賀連隊と金沢師団が多く、大津連隊、伏見連隊、遠くは呉と舞鶴の海兵団へも行きました。あるとき、第九師団司令部のある金沢の陸軍病院に入院中の兵隊さんの慰問に、姉川の堤防で捕った虫〝ガチャガチャ〟（くつわ虫）を虫かごに入れて持っていったら、郷里を懐かしみ、涙を流されたこともありました」

軍事援護事業

出征軍人の家族や遺族への慰問と労力奉仕もおこなわれていた。『湖郷の便り』の大郷村からの報告には、「遺家族慰問――各戸訪問忠勇美談集贈呈」や「秋収穫に対し労力奉仕」などの活動をしたとある。

同じく速水村からも、こう報告されている。

「各村々に於て秋の収穫に出征兵遺家族への労力奉仕は行われていますが、本村では軍友会を中心に、稲刈、稲扱き、臼すり等のお仕事の手伝いをなし、家族慰安と感謝を捧げています」

また七尾村の報告にも、こう書かれている。

「軍人遺家族援護会なるものが設立され、本村支那事変出動の諸士並に遺家族の慰問をなすため、村長を会長とし、各団体之れに加盟し、出征御家庭の慰問、勤労班の秋納の手伝い、家事の協力、馬糧の供出等に努力しております」

このような出征軍人の家族や遺族に対する慰問と労力奉仕は、軍事援護事業の一環であった。『上越市史　別編7　兵事資料』の「解説三　軍事援護」（松村敏執筆）によると、軍事援護事業とは、出征軍人の家族、傷痍軍人とその家族、戦死者・戦病死者の遺族、帰郷軍人らの生活と生業を援護するための活動である。国家による事業と民間による事業があった。明治時代から実施されていたが、昭和の十五年戦争期には、戦争と兵力動員の大規模化・長期化とともに、大幅に拡大された。具体的な制度と事業については、こう書かれている。

国家による軍事援護の公的扶助制度は、日露戦時期の下士兵卒家族救助令（明治三十七年）に始まる。次いで、第一次大戦期に制定された軍事救護法（大正六年）は、軍事に関係した生活困窮者を救護する目的をもち、国家の遺家族に対する「義務救助主義」を確立させたといわれる。もっとも国家が国民の兵役義務履行による損失に対して補償することになったわけではなく、基本的には親族や隣保の相互扶助によって解決すべきことがその後も一貫して強調された。

昭和六年(一九三一)には入営者職業保障法が公布され、入営者が安んじて兵役に服せるように兵役関係者の職業を保障、とくに除隊後の再雇用・復職を保障せんとしたものであった。これは同年四月の公布だったから、満州事変の勃発とは直接関係なく、むしろ昭和恐慌下で生活に困窮する入営者の失業問題へ対処することが当初の目的であった。また同法には、罰則規定がないことが重大な欠陥であった。

さらに昭和十二年三月には、軍事救護法の適用範囲・扶助対象を拡大すべく、同法を改正して軍事扶助法が成立した。こうして公的扶助制度は次第に拡充されていったが、むろんこれらによる軍事援護では不十分であったため、行政サイドや種々の軍事援護団体などによる法外援護の拡充も進められた。昭和十三年十一月には民間軍事援護団体の中枢団体として位置づけられた恩賜財団軍人援護会が設立され、また翌十四年一月の銃後奉公会の全国設置訓令により、道府県軍人援護会支部の市区町村分会の機能をもつ銃後奉公会が全国にわたり設置されていった。市区町村レベルの既存の軍事援護団体は銃後奉公会に一元的に継承されてゆき、銃後奉公会は市区町村の全世帯を強制加入により

その会員とした。その事業費のほとんどは、各世帯から徴収した会費によってまかなわれた。（前掲書、五二～五三頁）

銃後奉公会と挙国一致

銃後奉公会はもちろん大郷村にもあった。残された兵事書類のなかに、「銃後奉公会設立ニ就テ」という設立趣意書がある。一九三九（昭和一四）年五月、銃後後援の強化を図るために同会が設立され、村長を会長とし、各世帯主全員を会員とし、役場、区長、在郷軍人会・軍友会・青年団・処女会・国防婦人会・仏教連合会など各種団体の代表者らが役員となり、出征軍人の家族や遺族を救護する活動をおこなう旨が述べられている。兵事係の西邑さんも銃後奉公会の事務員を兼職していた。同趣意書には、銃後奉公会の目的がこう述べられている。

今次事変ガイヨイヨ東亜新秩序建設ノ段階ニ入ッテカラハ、聖戦ノ目的遂行ノ為メノ国策ニハ、我々国民ハ生活ノ全テノ方面ニ亘ッテ協力スル事ガ必要トナッテ来タノデアリマス。特ニ銃後後援ノ強化ヲ図ル事ハ刻下ノ要務デアリマス。

また、「大郷村銃後奉公会主催托鉢のちらし」によると、一九三九年六月、大郷村銃後奉公会は、大郷村からの出征兵士に慰問袋を発送した。復員兵への祝金などの（資金徴収）寄付金のための托鉢もおこなった。同年七月一二日、集めた寄付金六五〇円を役場に届けている。

軍事援護事業には、出征軍人の家族の生活不安をやわらげるとともに、家郷に残された家族の生活を心配する出征軍人の「後顧の憂い」「銃後の憂い」を除くという目的があった。つまり、銃後の家族の動揺を防ぐとともに、戦地の兵士たちの動揺を防ぎ、戦争遂行に必要不可欠な徴兵制を揺るぎないものにするという意図である。『湖郷の便り』の伊香郡塩津村からの報告には、その「銃後の憂い」という言葉が出てくる。

「今次事変の為出征せられたる軍人家族に対し、農繁期中各種団体と協力し、国民精神総動員の強調と相俟って、極力勤労奉仕作業を為し、以て出征軍人家族に感謝報恩の趣旨を表現せり。其の結果、例年通り大体本年の収穫を終了するを得たり。此の勤労奉仕作業は我々銃後の国民として当然為さなければならぬ事業の一端であり、今後も物質的精神的に銃後の後援を為し、愈々一致団結以て時局に邁進し、皇軍将士に対し銃後の憂なからしめんとす」

一九三七年の日中戦争開戦以来、日本政府による「国民精神総動員運動」が進められ、「挙国一致・尽忠報国・堅忍持久」「一億一心」といったスローガンが唱えられた。

派遣軍人の家庭状況調査

大郷村の兵事書類にも、軍事援護事業に関する記述がある。たとえば、「動員日誌」（昭和七年）には、上海事変における動員で同年二月二四日に召集された二名の家族に関して、動員後の応召員家族の動向を記す欄に、こう書かれている。

応召員ノ家族ニ対シテ軍事救護ノ手続ヲ執リタルモノ四名ニシテ、慰問金ヲ贈呈セリ。出征者ノ内地補充隊残留者二名ニ対シテモ慰問袋ヲ送リ、出動者ト同ジク家族慰問ヲナセリ。

家族慰問トシテ出征軍人家族慰安ノ活動写真会開催シ茶菓ヲ呈シタリ。

出動中敵弾ノタメ負傷シタル者ニ対シテハ見舞金ヲ贈呈セリ。

軍事救護法に基づく軍事救護の手続き、慰問金の贈呈、慰問袋の贈送、家族慰問のためのお茶とお菓子付きの活動写真（映画）上映会、負傷兵家族への見舞金の贈呈など、様々な援護活動をしていたことがわかる。

軍は出征軍人の家族や遺族に対する軍事援護の必要の度合いを知るために、市町村に出征軍人の家庭状況を調査するよう指示していた。

「兵事ニ関スル書類綴」（昭和八年〜昭和二十年）中の、昭和一〇年七月八日付け、敦賀連隊区司令官から管内の各市町村長宛て、「派遣軍人ノ家庭状況調査ノ件依頼」は、満州駐剳（駐留）部隊員の家庭状況調査の指示書である。

今回満州駐剳ノ為メ派遣セラレタル下士官兵ノ家庭状況ヲ調査シ、左記事項参照ノ上、別紙用紙ニ記入ノ上、七月二十七日マデニ当部ヘ二通（残一通ハ県ヘ、一通ハ貴方ノ控トス）御送付相也度候。

これを受けて、大郷村での兵事係の西邑さんが調査し記入した「軍人家族待遇調査票」には、派遣軍人の氏名、所属部隊名、現役や予備役などの役種、官等級、家族構成、住所、事情、生活状態、今後の待遇法に関する意見などの欄がある。たとえば、敦賀の歩兵第一九連隊第一中隊に所属する現役歩兵二等兵の家族の調査票には、こう書かれている。

事情　現役兵トシテ入営中ノトコロ、昭和十年六月二十八日駐剳ノ為渡満中。
父　五十八歳、農業。母　五十六歳、農業。姉　二十五歳、家事見習。
本人ノ出征ノ家計ニ及ボス影響　影響大ナリ。

父ハ日露戦役ニ従軍。金鵄勲章年金百五十円ヲ得、組合ニ貯金シ保管ス。
今後ノ待遇法ニ関スル意見　派遣軍人家庭トシテ特別ノ待遇ヲ望ム。例エバ家庭ヨリ本人ニ送付スル小包郵便物等ハ無賃郵送ノ取扱ヲ為ス等。

ほかの家族の調査票にも、同じように「本人ノ出征ノ家計ニ及ボス影響　影響大ナリ」「派遣軍人家庭トシテ特別ノ待遇ヲ望ム」と書かれている。一家の働き手が軍隊に取られると、残された家族の生活に大きな影響が及ぶことがわかる。

戦病死した現役歩兵伍長の家族の場合は、調査票の事情欄にこう書かれている。

事情　元歩兵第十九連隊第十一中隊ニ入隊。昭和九年五月六日渡満ノ上、独立歩兵第一連隊第四中隊ニ編入サレ駐剳中ノトコロ、不幸、疾病ノタメ昭和十一年五月二日、公主嶺衛戍（エイジュ）病院ニ於テ死亡シタリ。

父親はすでに昭和四年に死亡していたため、四八歳の母親（農業）、二二歳の弟（百貨店店員）、二一歳の弟（工場事務員）、一三歳の弟（小学校生徒）が後に残された。「本人ノ死亡ノ家計ニ及ボス影響」欄には、「昭和四年九月十七日父死亡シ、本人ハ一家ノ主働者トナリタル為、本人ノ死亡ニ付テハ其ノ影響最モ大ナリ」とある。

一家の大黒柱ともいえる働き手を失った家族の生活は、深刻な影響を受けたにちがいない。「今後ノ待遇法ニ関スル意見」欄には、「各種団体ヨリノ慰恤（イジュツ）ヲ望ム」と書かれている。慰恤とは、困窮者を慰めいたわって金品などを恵むことを意味する。

出征軍人の家族や遺族、傷病兵とその家族で生活に困難を来した場合、軍事扶助法（一九三七年の法改正前は軍事救護法）による公的扶助と、銃後奉公会・在郷軍人会・国防婦人会・愛国婦人会・日本赤十字社など民間の各種団体による援護を受けていた。

軍事扶助法による生活扶助の対象は、下士官・兵の家族や遺族、傷病兵とその家族や遺族で、生活困難なる者だった。居宅扶助の場合、原則として一人一日三五銭以内（物価の高い都市では六〇銭以内など金額には幅があった）の生活扶助費を給与した。施設などへの収容扶助の場合は、居宅扶助の給与額に五銭〜一〇銭上乗せされた。それ以外にも、医療費、生業扶助費、助産費、埋葬費の扶助があった。

しかし、公的扶助だけでは足りなかったので、民間の各種団体が集めた寄付金や会費からの生活扶助費や医療費などの贈与がなされた。さらに各種団体による欠食児童への食料供与、慰問、弔慰金、家事・生業への労力奉仕、就職斡旋などもおこなわれた。こうした民間団体の活動は「法外軍事援護」と呼ばれた。

防諜というスパイ対策

銃後の護りといえば、防諜すなわちスパイ防止、スパイ活動を防いで機密・情報が敵国に漏れないようにすることも重要だった。西邑さんがこう語る。

「昭和一六年の七月頃になると、防諜に関する厳しい達しがその筋よりあり、現役兵または応召兵として入営する際に、最寄り駅までの大勢での見送り、万歳を唱えること、出征の赤襷をかけること、入営部隊まで付添いをすることなど、かたく禁じられました。ちょうどその年一二月八日の太平洋戦争に突入する直前の頃でした」

対米英戦を控えて、動員の時期や規模など軍事行動の秘匿と、国家総動員体制下の国民統制の強化が、防諜の強化にもつながったのである。それは秘密保護法制の強化とも連動していた。

一九四一（昭和一六）年三月、国防保安法が公布され、「国防上外国ニ対シ秘匿スルコトヲ要スル外交、財政、経済其ノ他ニ関スル重要ナル国務ニ係ル」事項及びそれを表示する図書物件を「国家機密」と規定した。そして、「国家機密」を知る者・所持する者が外国に漏らしたり、公にしたりした場合、また「国家機密」を探知し、収集した者が外国に漏らしたり、公にしたりした場合、死刑または無期もしくは三年以上の懲役という厳罰に処すと定められた。

一八九九（明治三二）年公布の軍機保護法も、すでに一九三七（昭和一二）年の日中戦争開戦の直後に全面改正され、「作戦、用兵、動員、出師其ノ他軍事上秘密ヲ要スル事項又ハ図書物件」を「軍事上ノ秘密」と規定していた。そして、「軍事上ノ秘密」を探知、収集、公表、外国への漏洩などをした者には、有期・無期の懲役や死刑を科すなど、罰則が強化された。四一年三月には再改正もされ、業務上の「軍事上ノ秘密」漏洩罪の罰則強化などが追加された。

大郷村の兵事書類のなかに、表紙に㊙の印を押した「防諜ニ関スル書類綴」がある。そこに、昭和一六年七月七日付け、虎姫警察署長から各村長宛て、「召集ニ関シ防諜上注意ニ関スル件通牒」が綴じられている。

防諜上ニ関シ其ノ筋ヨリ特ニ左記事項厳禁セラレタルヲ以テ、各関係官公署ハ勿論、一般民衆ニ対シテモ従来ノ慣例ヲ打破シ、左記事項ヲ厳守セシメラル様ニ特ニ御配意相煩度、此ノ段達示候也。

一、下令動員令伝達（予報ヲ含ム）ニハ電報電話ヲ使用セザルコトト相成候。之ガタメ巡査駐在所ニハ電話通報ヲ中止ス。

二、市町村備付ノ軍用鞄ハ絶対使用セザルコト。

三、召集通報人用封筒表面ノ「充員」トアルヲ削除スルコト。
四、応召者ニ対シ一地ニ集合シ祝辞歓送等ハ実施セザルコト。
五、多数召集者ノ見送人等ヲ標榜シ駅頭等ニ於テ万歳等呼唱セザルコト。
六、停車場ノ見送人、親戚知己二、三人ニテ見送ルコト。
七、赤襷其ノ他標色等ハ見合スコト。
八、付添人ハ絶対廃止スルコト。
九、出征兵ニ対シ慰問文中ニ何処ニ服務シ居ルヤ等問合サヌコト。
一〇、可成(ナルベク)入営者ノ面会ヲ避ケルコト。

動員すなわち召集令状の交付、出征兵士の見送り、付添い、面会、慰問文の内容などについて細かい禁止事項が出され、官吏や住民に厳守させるようにとの通達である。

「スパイは汽車に井戸端に」

「防諜上ニ関シ其ノ筋ヨリ」とある「其ノ筋」が軍だったことは、昭和一六年一〇月一五日付け、敦賀連隊区司令官から各村長宛て、「応召ニ関スル注意事項」を見ればわかる。禁止事項はさらに細かく厳しくなっている。

一、出発ノ際、家族、近親、朋友等ノ付添ハ絶対ニ禁ズ。
二、角飾リ、旗幟、国旗ノ掲揚ハ禁ズ。
三、決別、見送リ人ニ対スル挨拶ハ応召者ノ自宅屋内ニテナスコト。
四、出発ニ際シ、神社、寺院ノ参拝ハ単独参拝ナルコト。
五、応召日時、応召部隊、応召人数、行先ハ如何ナル場所、何人ト雖モ口外セザルコト。
六、頭髪、爪等ハ出発前ニ自宅ニ残シ置クコト。
七、奉公袋ハ風呂敷ニ包ミ持チ行クコト、軍服着用ハ禁ズ。
八、本書一読ノ上ハ焼却セラレタシ。

昭和一六年一〇月七日付け、大郷村長から各区長宛ての「防諜ニ関スル件」は、区長を通して村人に禁止事項・注意事項を周知徹底させるためのものだ。

一、応召ノ付添人及面会ハ許可セラレザルニ付キ此ノ段当該家庭ニ伝エラレタシ。
二、出発ノ際多数乗車駅へ見送リスル者アリ、各戸ニ対シ相当注意相成度。
三、応召者ハ応召ノ為ノ散髪ヲ為スコトナク、ソノママ入隊スル如ク指導セラレタシ。
四、一般家族中ニテ理髪店又ハ女理容所ニテ防諜上注意ヲ要スベキ言動ヲ発スル者アリ、相当注意セラレタシ。

事項四に見られるように、防諜上の注意は日常生活の言動にまで及んでいた。当時、村人に配られた防諜意識啓発の紙風船があり、「防諜ニ関スル書類綴」とともに残されている。紙風船には、鳩と遊ぶ子どもの絵と「ポッポッポト、トンデコイ」の文字とともに、「スパイは汽車に井戸端に」という相互監視をも勧めるスパイ警戒の標語や、「一億進軍の時来る！」という戦意昂揚の標語が印刷されている。

一九四一年の国防保安法の公布以後、防諜意識普及のため全国各地に、「スパイ御用心」「壁に耳あり」「一億みんな防諜だ」などの防諜ポスターが掲げられていた。警察や憲兵も目を光らせていた。こうした銃後の防諜を強める動きは、国民の相互監視という重苦しい空気を生み出していった。

戦没者の村葬と戦死の現実

銃後の国民と戦地の将兵を結ぶ儀式として、武運長久祈願祭と並び重要だったのが、全国の市町村や道府県で催された戦死者・戦病死者の公葬と慰霊祭である。大郷村での戦死者・戦病死者の村葬（役場主催）について、西邑さんが語る。

昭和 14 年、大郷村での戦死者の村葬（西邑仁平さん提供）

「ご遺骨は白木の箱に入って帰ってきました。ご遺族が敦賀の連隊などに受け取りにいくんです。兵事係の私は在郷軍人会の分会長と、虎姫駅に迎えにゆき、汽車からご遺族が白木の箱を抱えて降りてくると、一緒に村に歩いて帰りました。小学校の上級生らが虎姫町と大郷村の境のところまで来て待機していて、並んで迎えて、そして戦死者・戦病死者の家まで送ってゆきました。在郷軍人会の分会長が分会旗を捧げ持って歩きました。太平洋戦争が進んでからは、白木の箱に遺骨は入ってなくて、名前を書いた紙が一枚入っていただけだと、ご遺族から聞きました」

　昭和になって初めての村葬、西邑さんが兵事係として初めて関わった村葬は、一九三六（昭和一一）年七月二日。満州の関東軍独立守備隊員で、その年の五月二日に戦病死した、八木浜地区出身の歩兵伍長、角田荘三氏の葬儀だった。角田氏は一九三四（昭和九）年五月、二二歳のときに出征して、満期除隊も近づいていたが、戦地で病に倒れたのだった。

「あいにくの雨降りでしたが、姉川堤防の北側の空き地を会場として、一九二人が参列し、原隊の敦賀歩兵第一九連隊長代理官吉田中尉のご臨席も仰ぎ、仏式で荘厳に執り行いました。その後、村葬は主に小学校の講堂でおこなうようになりました。当初は戦死者が少なかったので、ご遺骨の帰還のおり、その都度一人ひとり執り行いましたが、戦争が日々拡大するにつれて、戦死者も増すばかりで、遂には二柱、三柱を一緒に、戦争末期の多いときには二〇柱もの合同になり、本当に申し訳なく思いました。葬儀はすべて村の仏教会のご奉仕でした」

大郷村の村葬で弔われた戦死者たちの法名（戒名）を印刷した札も、一部だが残っている。日中戦争の始まった一九三七（昭和一二）年一〇月から翌年五月までの間に、中国戦線で亡くなった二二人分である。会葬者に配られたもので、大きさは縦が約一三センチ、横が約六センチ。少し厚めの白い紙に黒枠がしてある。

そこに名前が記された死者たちは、一九三七年八月から一〇月にかけて敦賀の歩兵第一九連隊に召集された人が一三人、金沢の工兵第九連隊に召集された人が一人、やはり金沢の山砲兵第九連隊に召集された人が一人、鯖江の歩兵第三六連隊に召集された人が二人、そして歩兵第一九連隊に現役で在籍していた人が四人、呉海兵団の水雷艇で現役の乗組員だった人が一人である。年齢は二十代と三十代。最年少が一九一六（大正五）年生まれで当時二一歳、最年長が一九〇一（明治三四）年生まれで当時三六歳である。

それら法名の札には、一人ひとりの氏名と階級（一等兵、上等兵、伍長、軍曹など）、生年月日、法名、遺族代表者名（父、母、妻、子のいずれか）が書かれている。そして、戦死に至った経過が記されている。いくつか例を挙げてみる。

昭和十二年十月四日午後一時五十二分、中華民国江蘇省宝山県北梅宅南方ノ戦闘ノ際、左胸部貫通銃創ヲ受ケ戦死。

昭和十二年十月十一日午前十一時二十分、中華民国江蘇省宝山県頓悟ノ戦闘ニ於テ頭部貫通銃創ヲ受ケ戦死。

昭和十二年十月十三日、中華民国江蘇省相家橋付近ノ戦闘ノ際、右上膊及前膊骨折砲弾破片創ヲ受ケ、出血多量。十月十六日午前六時〇分、王家橋第九師団第一野戦病院ニ於テ戦傷死。

昭和十二年十月二十二日午前四時〇分、中華民国江蘇省宝山県陳家行付近ノ戦闘ノ際、腹部貫通銃創ヲ受ケ戦死。

昭和十二年十一月一日午後〇時十分、中華民国江蘇省宝山県范家宅付近ノ戦闘ノ際、後頭部盲管銃創ヲ受ケ戦死。

昭和十三年五月六日午後三時五十分、中華民国安徽省懐遠県張八営ノ戦闘ニ於テ、右顎左頸部貫通銃創ヲ受ケ戦死。

こうした死亡経過の記録から、戦場での流血にまみれた凄惨な死の有り様が浮かび上がる。これが「名誉の戦死」と讃えられた戦死の現実だった。「兵隊に取られた、軍隊に取られた」日本の男たちが、家郷を離れて向き合っていた戦争の現実だった。

そして同じ頃、同じように中国兵たちも戦場で血を流していた。南京など各地で日本軍に殺された中国の民間人たちの血も流れていた。それもやはり戦争の現実だった。

慰霊祭と靖国神社合祀

滋賀県主催の戦没者慰霊祭もたびたび開かれていた。「兵事ニ関スル書類綴」（昭和八年～昭和二十年）中の、昭和一五年九月二〇日付け、滋賀県学務部長から各市町村長宛て、「慰霊祭等ニ関スル件、照会」は、満州事変や日中戦争などの戦死者・戦病死者の慰霊祭と滋賀県護国神社例祭に参列する遺族の人数を調べて知らせるようにとの指示である。

来ル十月二十三日、彦根市ニ於テ県主催今次事変戦没者慰霊祭並ニ滋賀県護国神社例祭執行可能相成（アタウベクアイナリ）候条、左記事項承知ノ上、可然（シカルベク）御取計相成度。

一、日程
イ、今次事変戦没者慰霊祭　十月二十三日午前九時、県立彦根中学校。
ロ、滋賀県護国神社例祭　午前十時三十分、滋賀県護国神社。
ハ、追弔法要　午後一時、県立彦根中学校。
二、遺族招待区分
イ、慰霊祭　今次事変戦没者並ニ昭和十二年七月七日以降ノ外地ニ於ケル戦没者遺族。

ロ、例祭　昭和十二年七月七日以前ノ戦没者遺族又ハ縁故者。

ハ、追弔法要　前記者全部トス。

護国神社は靖国神社の事実上の地方分社で、各道府県にあり、地元の戦没者を祭神として合祀していた。

昭和一五年一〇月二日付け、大郷村長から滋賀県学務部長宛て、「慰霊祭参拝者報告ノ件」によると、大郷村からは、「慰霊祭参拝遺族　三十一名、例祭参拝遺族　八名」となっている。

護国神社に合祀された戦没者は靖国神社にも合祀されていた。「兵事ニ関スル書類綴」（昭和八年〜昭和二十年）中の、昭和一一年一〇月一九日付け、歩兵第一連隊留守隊長から大郷村長宛て、「戸籍抄本送付方依頼ノ件照会」は、その年七月に村葬によって弔われた歩兵伍長、角田荘三氏の靖国神社合祀に関する文書で、合祀の手続きに必要な戸籍抄本を所属部隊に至急送るようにとの依頼である。

「左記ノ者ニ対スル首題ノ件、靖国神社合祀ノ為必要ニ付、弐通至急送付相成度照会ス。追而現住所ヲ有スル場合ハ現住所ヲ明記セラレ度」と書かれ、角田荘三氏の氏名と本籍地と戸主名が記されている。

そして、同年一〇月二二日付けで、依頼された戸籍抄本を送付したとの報告書も残されている。

戦没者慰霊祭は村の忠魂碑においても催されていた。忠魂碑は郷土出身戦没者の慰霊と顕彰のため、全国各地の市町村で建てられていた。地元の在郷軍人会や行政機関を中心に有志者からの寄付金などで建てられた。

大郷村でも一九〇六（明治三九）年に、日露戦争での村出身戦没者一〇名のために忠魂碑が建立された。村長を中心とする建碑委員会が発案し、有志から寄付金を募って建てた。その後、日中戦争やアジア・太平洋戦争での戦没者も合祀されていった。

西邑さんが残した兵事書類のひとつに、「帝国在郷軍人会大郷村分会　分会歴史」があり、そのなかにも、忠魂碑の前で戦没者の慰霊祭や追弔会を執行したという記述が繰り返し出てくる。

草の根の戦争支持

国防献金、出動部隊の歓送、武運長久祈願祭、慰問袋、出征軍人家族・遺族の慰問、労力奉仕、軍事援護事業、防諜、戦没者の村葬と慰霊祭、靖国神社合祀の手続き、忠魂碑など、銃後の護りに関する兵事書類と西邑さんの証言を通して、当時、いかに村ぐるみ、地域ぐるみで戦争を支えていたのかが浮き彫りになった。そして大郷村だけではなく、全国の市町村でも同じような銃後の光景が見られたはずである。

そのような草の根の戦争支持があったから、国家は戦争ができたし、兵事係が末端で担っていた徴兵制のシステムを動かすこともできた。つまり、上からのエネルギーと下からのエネルギーが合わさって、戦争が遂行されたのである。

そして、郷土から次々と兵士が戦場に送り出され、戦死者や戦病死者や負傷者が相次ぎ、遺族が生み出されるという循環は、銃後の護りの現実とも深く結びついていた。

それにしても、軍隊に入ることを「兵隊に取られる」「軍隊に取られる」と言い表し、「兵隊に行くことは死ぬことで、戦地から生きて帰れる保証はない」と、家に赤紙が来るのを恐れていた人びと、夫や息子に赤紙が来て、心の中では泣いていても、人前では決して涙を見せられないと気丈に振る舞い、万歳の声と旗の波のなかで見送った人びと――。

しかし、このような人びとがまた、国防献金や出動部隊の歓送や慰問袋など銃後の護りを固めた人びとでもあった。草の根の戦争支持の底流には、同一の対象に相反する感情を抱く両面価値的（アンビバレント）なものが含まれていたことはまちがいない。

それはまた、中国戦線に赴いた河瀬勇さんが、赤紙を受け取った日に、「男子の本懐これに過ぎず、海行かば……の歌有るのみ」と自らを鼓舞しながらも、「しかし、本当は嫌なんです。心の中では……」と葛藤していたように、出征していった男たちの胸の底にも同じように含まれていたはずである。

赤紙を配ったことのある西尾保男さんから、こんな話を聞いた。

「川道地区から出征するときは、お宮さんにお参りして、姉川に架かる橋を渡って出てゆくんです。虎姫駅まで見送る村人たちも、そこを渡ります。ある家の息子さんが召集されて出征する日、年取った父親がその橋のたもとで、息子の名前を叫び、万歳を叫んで送り出すのを見たことがありました。でも、それからしばらくして、田植えか田んぼの草取りのときでしたか、その家と私の家の田んぼが近いので、その年取った父親が、一家の働き手の息子が出征したために、「(野良仕事が)えろうて、かなわんよな」とこぼし、息子がいなくなって、「こんなに元気がないんや」と嘆いているのを聞きました。送り出すときは村のみんなの前で、空元気を出して、「日本男児やから!」と言って送り出したわけなんですが……。私には、その二つの光景が忘れられません。その二つの光景を合わせて考えると、それが戦争の姿なんやな、と思いますね」

そうした銃後の「二つの光景」もまた、当時の日本のあちこちで見受けられたのではなかろうか。

しかし、そのような「二つの光景」を、戦争一路の国家と社会はやすやすと呑み込んで、戦争という時代の濁流は流れ来たり、流れ去ったといえる。

第七章　海軍志願兵

「海軍は君等を待っている」


「青少年諸君!!　急げ！　海の空の決戦場へ！」

「起て！　青少年　米英撃滅の第一線へ」

「鍛えよ強く逞しく」

「少国民よ　ピチピチ強く　ぐんぐん育って　米英をヤッツケロ」

「海軍は君等を待っている　鉄の体軀をつくれ」

「若人よ祖国を護れ　征け海へ空へ！」

「お父さん　お母さん　決戦の海へ勇んで征きます」


どれもアジア・太平洋戦争中の海軍志願兵募集ポスターの標語で、濃い太い文字が躍っている。凜々しい水兵や航空兵と軍艦、戦闘機、爆撃機、軍艦旗（旭日旗）などを組み合わせた勇壮な絵も載っている。

「海軍志願兵募集中」や「海軍志願兵徴募」の文字が並び、「詳細は至急、最寄りの市町村役場へお問合せ下さい」と書かれているものもある。このように志願兵募集の窓口は市町村役場であり、志願手続きの書類などは兵事係が用意していた。志願兵は現役兵や召集兵と並んで、軍隊の構成員を充たすための不可欠な存在だった。

これらのポスターは、『海軍志願兵』（片柳忠男編、海軍省当局・横須賀海軍人事部指導監修、北原出版、一九四四年）に紹介されていたものだ。同書は海軍志願兵に興味を持つ青少年向けの本で、水兵・水測兵・電信兵・機関兵・工作兵などの兵種、海兵団での新兵教育、水兵生活、志願の手続き、志願の心得、学力試験、身体検査、入団の心得などを写真・絵・漫画入りで説明している。

軍艦、水兵、新兵訓練、身体検査などの写真は海軍が提供しており、実質的に横須賀海軍人事部が作成した手引きである。定価は一円八〇銭。奥付に、印刷部数「五〇〇〇〇部」とある。当時、横須賀海軍人事部第三課長の重廣篤雄海軍大佐による「発刊の辞」には、こう書かれている。

「今の激しい南海の血闘に、又は空の第一線に参加して、数々の殊勲をたてつつある勇士の大半は、この志願兵出身の若き士官、下士官、兵であるというも過言ではないのである。憎むべき敵米英は海洋国家としての日本の存立を放棄せしめ、全世界の海上権を手中に収めると豪語している。言いかえれば日本の武装を解除し日本を地球上から抹殺して了う（しま）というのである。全日本の青少年諸君、この敵の野望を破砕して我が肇国（ちょうこく）の大理想を実現するためには、如何に海が大切であり強大なる海軍が必要であるかが痛感されよう」

「本書は全日本の青少年諸君に対する海の教材であり、光輝ある帝国海軍軍人となる手近な手引書である」

「青少年諸君が本書によって海軍知識を身につけ、将来の大東亜を担うべき海の中堅となるの決意を固め、一人でも多くの立派な帝国海軍軍人が生まれ出て呉れるよう切望して止まない次第である」

志願兵募集に力を注ぐ

当時、海軍がこのように若い志願兵の募集に力を注いでいたのにはわけがある。

太平洋方面における戦況は日本にとって日に日に不利となり、『海軍志願兵』が発行された一九四四（昭和一九）年九月には、すでにサイパン島やグアム島などマリアナ諸島を米軍に占領され、日本海軍連合艦隊はマリアナ沖海戦で大敗していた。米軍はフィリピンのレイテ島に上陸すべく迫っていた。

日本海軍はミッドウェー海戦（一九四二年）やマリアナ沖海戦などの敗北で、空母をはじめ多くの軍艦や航空機を失うとともに、多数の戦死傷者を出し、兵員を急いで補充しなければならなかった。

もちろん海軍にも、徴兵検査に合格したばかりの現役兵や召集令状で集められた召集兵もいた。しかし、陸軍に比べて志願兵の割合が高かった。『上越市史　別編7　兵事資料』の「解説二　海軍」（河西英通執筆）には、こう書かれている。

海軍の兵事の特徴は、陸軍にくらべて志願兵が占める割合が高かったことである。これは海軍創設時に、志願兵を中心としたイギリス海軍をモデルとしたためといわれる。満州事変以後日中戦争期において志願兵は徴兵の約半分であったが、アジア太平洋戦争期になると逆に志願兵が徴兵の倍近くに膨らむ。（四二頁）

『海軍軍戦備〈1〉』（防衛庁防衛研修所戦史室編、朝雲新聞社、一九六九年）によると、海軍志願兵の人数は一九三七年が九一七四人、三八年が一万一一〇二人、三九年が一万二〇〇三人、四〇年が一万六五五四人、四一年が二万八〇〇四人、四二年が六万三六二九人、四三年が一一万一七三九人、四四年が二〇万八六六〇人である。四一年のアジア・太平洋戦争の開戦から、年を追うごとに激増している。

一九二七（昭和二）年公布の海軍志願兵令では、水兵や機関兵などの志願兵には、徴募採用の年の一二月一日において満一七歳以上二一歳未満の者が志願できると定めていた。ただし電信兵には満一五歳以上一九歳未満の者が、軍楽兵には満一六歳以上二〇歳未満の者が志願できると定めていた。志願兵の現役は五年、予備役は四年、後備役は五年とされていた。
志願兵の徴募検査では、身体検査と高等小学校卒業程度の学力試験がおこなわれた。そして、「身体完全ならざる者、志操確実ならざる者、品行方正ならざる者、ほぼ高等小学校卒業程度以上の学力なき者、試験検査に合格せざる者、将来下士官に適せずと認むる者」は、志願兵に採用できないと定めていた。

志願者数の割当

海軍志願兵の募集活動の強化は、アジア・太平洋戦争の開戦前から始まっていた。それは、西邑仁平さんが残した大郷村の兵事書類からも読み取れる。たとえば、「兵事ニ関スル書類綴」（昭和八年〜昭和二十年）中の、昭和一五年一〇月二三日付け、滋賀県学務部長より県下の各市町村長宛て、「海軍志願兵勧誘資料送付ノ件」にはこう書かれている。

昭和十六年度海軍志願兵勧誘資料左記ノ通別途送付候条、有効ニ利用ノ上志願者奨励ニ資セラレ度(タシ)。
イ、海軍志願兵ノ栞（三〇枚）
志願兵奨励担任者及志願見込者ニ配付スルコト。

ロ、ポスター（十一月上旬発送）（一〇枚）
　ポスターニハ日割表ヲ貼付シ、要所ニ掲出スルコト。
ハ、徴兵適齢者ニ告グ栞（明年度壮丁見込数）
　昭和十六年徴兵適齢者ニ適齢届用紙配付ノ場合ハ、明年受検壮丁ニ栞「徴兵適齢者に告ぐ」及志願書用紙ヲ配付スルコト。
ニ、海軍志願兵ノ受検者参考書（志願者割当数）
　志願書ヲ提出シタル者ニ交付シ、予習ノ便ニ供セシムルコト。
ホ、冊子「海をめざして」（一部）
　志願兵ノ進路、兵種ノ選択ヲナサシムル場合ノ説明資料トシテ利用スルコト。


おそらく海軍から滋賀県に対して、海軍志願兵募集に協力し、勧誘に力を入れてほしいとの要請があり、それに応えて県は各市町村に上記の指示をしたと考えられる。同じようなことが全国的におこなわれていたのではないだろうか。

しかし、単に「海軍志願兵ノ栞」や「海をめざして」といった勧誘のための冊子や志願書用紙を配ったり、志願兵募集のポスターを貼ったりするだけでは、思うように志願者は集まらなかった。

それは、次に引用する兵事書類の内容からもわかる。昭和一五年一〇月二五日付け、滋賀県学務部長より滋賀県の各市町村長、各小学校長、各青年学校長宛て、「海軍志願兵徴募ニ関スル件通牒」である。

　昭和十六年度海軍志願兵徴募ニ関シテハ、近ク県公報ヲ以テ告示可相成候処、例年ノ本県徴募成績ハ割当員数ニ達セザル実状ニ有、之(コレ)国防上洵(マコト)ニ寒心ニ堪エザル所ニ有之候ニ就テハ、現下国際情勢ノ緊迫ト海軍力充実ノ急務ヲ考察ノ上、有効適切ナル措置ヲ講ジ、以テ優秀ナル志願者ノ選出ニ格段ノ御尽力相成度。

つまり、例年、滋賀県では海軍志願兵への志願者数が少なく、「割当員数」に達していないのが実情だと指摘し、それは国防上はなはだまずいことだというのである。そのうえで、現在、国際情勢の緊迫のもと、海軍力の充実が急務である点をよく考えて、優秀な志願者の選出のために有効適切な措置を講ずることに力を尽くすよう求めている。

文中に「割当員数」とあるように、海軍から各道府県（一九四三年に東京府が東京都になってからは各都道府県）に対して、志願者数の割当すなわちノルマが決められていた。そして各道府県から各市町村に割当の人数が配分されていた。

当時、海軍は横須賀、呉、佐世保、舞鶴の各軍港にそれぞれ鎮守府を置き、鎮守府ごとに志願兵徴募区を設定していた。各徴募区には、全国の道府県を四つの区分に分けて、それぞれ配分した。滋賀県は京都、福井、石川、富山、新潟、山形とともに舞鶴鎮守府所管の徴募区に含まれていた。

いかに志願兵を増やすか

志願者数のノルマを達成するための海軍と地方行政当局と教育機関の連携ぶりは、この「海軍志願兵徴募ニ関スル件通牒」の続きを読むとよくわかる。

追而、志願者ノ奨励ニ当リテハ左記各項実施方御留意相成度。

一、志願候補者ノ選定

小学校長、青年学校長ハ高等科第二学年並ニ青年学校在校者及卒業者中、学力体格共ニ優秀ナル生徒ニシテ海軍志願兵ニ適スルモノヲ調査シ、十一月十五日迄ニ名簿ヲ作製スルコト。

二、軍事講話ノ実施

小学校長、青年学校長ハ高等科生徒及青年学校生徒ニ対シ、東亜共栄圏確立ノ必要ト国際情勢ノ緊迫並ニ海軍ノ使命ト海軍志願兵ノ特殊性ヲ力説シ、青年ノ奮起ヲ促スコト。

三、志願者奨励ノ分担
市町村長ハ第一項ノ名簿ニ依リ市町村長、小学校長、青年学校長、助役、兵事主任、小学校及青年学校教員ニ大字別又ハ適当ナル方法ニ依リ担任区分ヲ定メ、戸別訪問ヲ行ウ等志願者ノ決意ヲ促スコト。
四、身体検査ノ実施
市町村長ハ志願書ヲ受理ノ際、市町村医又ハ学校医ニ委嘱シ、各自ノ体格ヲ志願書裏面ニ必ズ記入セシメ、規格ニ達セザル者ハ翌年志願セシムル様勧告スルコト。
五、学術予習教育ノ実施
青年学校長ハ一月六日カラ七日間、志願者ノ予習教育ヲ実施シ、学力不合格ノ絶無ヲ期スルコト。
六、志願者兵種別人員報告
市町村長ハ海軍志願兵令第三十七条ニ依リ管内志願者ニ付、令第二十四条及第二十七条ノ資格ヲ審査シ、令第二十八条ノ各号ノ一ニ該当セズト認ムル者ノ兵種別員数ヲ十二月二十四日中ニ報告スルコト。

この文面から浮かび上がってくるのは、志願兵募集に果たす教育関係者の役割の大きさである。まず小学校長と青年学校長は、在校生と卒業生のうち学力と体格が優秀で海軍志願兵に適する者を調査し、名簿をつくらなければならなかった。

そして、その名簿は市町村長に提出され、市町村長、小学校長、青年学校長、助役、兵事主任、小学校と青年学校の教員らが、名簿をもとに地区別に手分けして戸別訪問をし、志願者候補の若者とその家族に対して、志願するよう決意を促すことになっていた。

また、多くの志願者が現れるように、小学校長と青年学校長は生徒に対する軍事講話で、「東亜共栄圏確立ノ必要ト国際情勢ノ緊迫」を説き、海軍の使命と海軍志願兵の特別な役割を力説して、奮起を促さねばならなかった。

さらに、志願兵の学力試験で不合格者を出さぬよう、青年学校長は七日間にわたって志願者に対し予習教育を実施することになっていた。

なお、青年学校とは戦前・戦中に小学校卒の勤労青少年に対して、実業教育と普通教育と軍事教練をおこなった学校である。全国の市町村に設置され、国家総動員体制を担う国民の養成を目的としていた。

割当員数を確保せよ

「海軍志願兵徴募ニ関スル件通牒」に続くのが、昭和一五年一〇月三〇日付け、滋賀県学務部長より大郷村長と大郷青年学校長宛て、「海軍志願兵割当人員ニ関スル件通牒」である。そこには、大郷村に割り当てられた志願者数が明記されている。

昭和十六年度海軍志願兵徴募ニ関シテハ、本月二十五日付兵第五二九五号通牒ニ依リ夫々(ソレゾレ)御計(オハカライ)意中ノコトト被存候(クダサレゾンジソウロウ)モ、最近ノ情勢ニ鑑ミ海軍志願兵要求員数ヲ選出スルコトハ、国防上絶対ニ必要ニ有之候ニ付テハ、之ガ員数ヲ各市町村ニ割当致スコトト相成候ニ付テハ、特ニ優秀ナル志願者ヲ割当人員以上選出相成度。

追而、割当員数ハ素質ノ如何ニ拘(カカ)ワラズ員数ヲ満タサバ可ナルモノニアラズ。真ニ学力、体格共ニ規格ニ達スルモノニシテ必ズ合格見込ノ者ナルニ付、御含相成度。

記

一、割当員数　七名。

このように滋賀県から大郷村に対して、「昭和十六年度海軍志願兵」として七名が割り当てられたのである。しかも、「国防上絶対ニ必要」という大義名分のもと、必ず「割当員数」を達成するために、合格が見込まれる優秀な志願者を「割当員数」以上選び出しておいて、身体検査と学力試験に臨むよう念を押している。

兵事係の西邑さんも海軍志願兵の「割当員数」すなわち「要求員数」の選出ノルマを達成するために、「海軍志願兵徴募ニ関スル件通牒」にあったように、戸別訪問をして勧誘をした。

「志願兵に志願するよう、成績のいい、これはと思う若者のいる家に頼みに回りました。本人と家族に頼み込んで、志願してもらったんです」

当時を振り返って、西邑さんはそう語る。

アジア・太平洋戦争が始まり、一九四二(昭和一七年)六月のミッドウェー海戦など米海軍との激戦により多大な損害を受けた日本海軍は、兵員補充のためにより多くの志願兵獲得を求めるようになっていった。

一九四二年一〇月、滋賀県の出先機関で、県北東部の坂田郡と東浅井郡を所管する坂田東浅井地方事務所長から各町村長宛てに、「至急　海軍志願兵徴募ニ関スル件照会」が送付されている。そのなかで、海軍志願兵の割当員数を確保することの重要性を強調し、志願兵の勧誘に一層努めるよう求めるくだりがある。

貴町村ニ割当テタル人員ガ万一確保シ得ザルガ如キ結果ヲ招来致スニ於テハ、戦時下国防上誠ニ寒心ニ不堪(タエザ)ル儀ニ付、貴町村関係者ニ対シ県下ニ於ケル検査開始期日切迫セル今日、極力勧募督励方御配意相成度。

各町村に割り当てられた志願者数が確保できないような結果を招いては、戦時下の国防上はなはだまずいので、各町村長は町村関係者に対して、志願兵の検査期日が迫る今日、勧誘に力を尽くすよう監督し励まされたしと、はっぱをかけているのである。

つくられた海軍志願兵

この兵事書類の文中に「町村関係者」とあるが、「関係者」の中心はむろん兵事係であった。それは、同年一一月五日に坂田郡と東浅井郡の町村の兵事係の主任が集合して開かれた、「兵事々務主任者打合会」で、海軍志願兵の徴募が主な議題になったことからもわかる。

その会は坂田東浅井地方事務所長の呼びかけで開かれた。各町村の兵事主任は「昭和十七年度壮丁名簿、昭和十八年度海軍志願兵志願者ノ十一月四日現在ニ於ケル確定人員並ニ今後ニ於ケル見込人員表」を携えて出席するよう指示されていた。大郷村からも西邑仁平さんが出席したはずである。

「兵事々務主任者打合会」の資料として配られた「海軍志願兵徴募前打合事項」（滋賀県作成）には、「昭和十七年舞鎮管内府県別徴募成績表」が載っている。一九四二年の海軍舞鶴鎮守府管内の滋賀、京都、福井、石川、富山、新潟、山形の海軍志願兵志願者数などを列記したものだ。

それを見ると、志願して身体検査と学力試験を受けた受検者の総数は一万二九三五人。合格者の総数は八二四〇人で、合格率は六三・七パーセントである。そのうち、たとえば滋賀県の受検者は一八六五人、合格者は一一七九人で、合格率は六三・二パーセント。同様に京都府は三〇八八人、二一四五人、六九・四パーセント。福井県が一一五八人、七三三人、六三・二パーセントである。

また、同年の滋賀県の「郡市別徴募結果表」も載っている。たとえば大郷村のある東浅井郡は受検者七八人、合格者五一人、合格率六五・三パーセントである。隣接する坂田郡は、それぞれ一六五人、一〇二人、六一・八パーセントとなっている。

このように他府県や他郡市と比較することで、各町村に対して志願者の割当員数の確保を強く求めていたのである。

そのうえで、「明年度ノ徴募ニ就テ」の項では、次のように要請している。

> 明年度徴募人員ハ大東亜戦下、海軍力拡充ノ益々緊要ナルト共ニ増徴セラルルハ言ヲ俟（マ）タザル所ナリ。而（シカ）シテ本県ニ於ケル之ガ志願者ノ割当人員確保ニ付テハ、従来ノ奨励方法ニ更ニ工夫改善ヲ加ヘ、総（アラ）ユル機関ヲ通ジ総ユル方法ヲ講ズルニ非ザレバ、到底其ノ割当数ニ達セザル結果ヲ招来セザルトモ限ラズ、各位ハ充分我ガ国現下ノ海軍力ノ急速拡充ノ緊要性ヲ考察、相互連絡ヲ密ニセラレ、既ニ決定ヲ見タル各市町村別割当員数

以上ノ合格者、即チ戦時下国防ノ重大責務ヲ托シ得ルニ足ル身体、学力、人物共ニ優レタル青少年ヲ選出セラルル様、格段ノ御配意御努力アランコトヲ望ム。

そして「志願兵ノ奨励」として具体的な方策を挙げている。

イ、候補者ニ対スル勧誘――各学校ニ於テ調査推薦セラルベキ志願兵候補者及之ガ父兄ニ対シテハ、戸別訪問ノ実施及一堂ニ会シ座談会等ヲ実施セラレ、極力勧誘ニ努メラレ度。地方事務所長ヨリモ右父兄ニ対シテハ勧誘状ヲ発送勧誘ニ努ム。

ロ、明年度徴兵適齢者ニ対スル奨励――徴兵適齢ニアル青年ニシテ海軍志願兵制度ノ承知セザルモノアリ。海国日本青年トシテ殊ニ現下青年トシテ誠ニ遺憾トスル所ナレバ、明年度適齢者全員ニ対シテハ本制度ノ趣旨、内容ヲ周知セシメ、素質優秀ナルモノハ全員志願セシムル意気ト熱意ヲ以テ、極力奨励アランコトヲ望ム。

ハ、本籍地外居住者ニ対スル奨励勧誘――従来本籍地外殊ニ他府県ニ現住セルモノニ対シ勧誘方ヲ依頼シ、各市町村ニ於テモ極力奨励セラレアルトコロナルモ、本年徴募結果ニ見ルニ未ダ充分ナル勧誘ノ域ニ達セズ、現住地（他府県）ニ於テ徴募ニ応ジ他ノ鎮守府ニ採用入団シタルモノ相当数ニ達シタルヲ以テ、此ノ種ノ者ニ対シテハ本人ノ為ニモ極力本籍地ニ於テ受検セシムル様、明年度ハ特ニ配意アランコトヲ望ム。

そのほかにも、志願候補者とその父兄や徴兵適齢者とその父兄を集めた志願兵奨励の座談会開催、各学校での海軍軍事講話の実施、ポスターや「海軍志願兵ノ栞」など勧誘資料の適切利用、学力試験に向けての予習教育などを挙げている。

こうして見ると、志願兵といっても、本人の自発性に基づく純然たる志願というよりは、海軍と地方行政当局と教育機関が連携して、組織的に志願兵をつくりだしていたのが実態だったといえる。

むろん海軍への憧れや「天皇陛下のため、国のため」という使命感から、自発的に志願した若者たちもいたにちがいない。ただ、志願という行為を引き起こす精神的土壌、憧れや使命感をかき立てるための宣伝と勧誘が、組織的に計画され積み重ねられていたことの影響は極めて大きかった。

昭和18年5月24日付け、「海軍志願兵徴募割当員数ニ関スル件通知」

このように海軍志願兵の徴募は、全国的に地域ぐるみの取り組みがなされ、推進された。それはまた志願兵の「割当員数」の増加にもつながっていった。

昭和一八年五月二四日付け、坂田東浅井地方事務所長より大郷村長宛て、

「海軍志願兵徴募割当員数ニ関スル件通知」では、「大東亜戦争」下の海軍力拡充のため割当員数の増加は緊要であるから、優秀な人材を選出するよう強く求めている。

昭和十九年度標記徴募割当員数ノ告達有之候処、十九年度志願兵ハ十八年度ニ比シ著シク増徴セラルル事ト相成。従ッテ志願者モ一層多数ヲ要スル次第ニ有之候ニ付テハ、貴町村内ニ於ケル之ガ割当員数ヲ左記ノ通決定相成候条、現下ノ我国情勢並ニ大東亜戦下ニ於ケル海軍力拡充ノ緊要性ヲ御考察ノ上、是非共貴町村内割当員数ノ志願者ヲ選出セラルル様格段ノ御配意相成度。

追而、右割当員数ハ合格期待員数ニ有、之単ニ割当員数ヲ充足スルノミニ止ラズ、特ニ素質ノ優秀ナル者ヲ選出セラルル様致度。

割当員数　十六才未満　五名
十六才以上　十四名
合計　十九名

大郷村への「昭和十六年度」の割当員数が七名だったのに比べ、「昭和十九年度」のそれは一九名と大幅に増えている。

「志願」の名のもとに、数多くの十代の若者たちが全国津々浦々の街や村から送り出され、戦火の海へと向かっていった。

海軍と志願兵への憧れ

大郷村から海軍に志願したひとりに、室庄衛(むろしょうえ)さんがいる。室さんは一九二五(大正一四)年八月九日、大郷村の大浜地区に生まれた。家は農家だった。大正一二年と一三年生まれの姉二人がいた。室さんが一歳半のときに母親が病死したため、室さんは京都の伯母の家にあずけられ、小学生になるまでそこで育てられた。父親は再婚した。

大郷尋常高等小学校を卒業後、室さんは中学校への進学を望んだ。しかし当時の村では、農家の長男は中学校に入ると農業を継がずに家を出てしまうと思われていたため、多くの場合、中学校には行かせてもらえなかったという。室さんも結局、中学校進学をあきらめざるをえなかった。

そのことが室さんには不満だった。それを見かねた父親は、当時京都の中央市場で鮮魚の仲買人をしていた、室さんの伯母の家の仕事を手伝うよう促した。伯母の家では、店員が召集されて人手不足になっていたのである。室さんは、幼い頃世話になり母親のように慕っていた伯母の家が困っているならと思い、しばらく京都で働くことにした。

「伯母の家に住み込んで、昭和一六年の四月から一二月頃まで働きました。その当時、京都の街角でよく目にしたポスターがあります。海軍志願兵募集のポスターで、電柱などに貼ってありました。はっきりと覚えているのは、軍艦旗（旭日旗）に水兵が敬礼している色刷り写真のポスターで、きれいでしたね。私はそれが欲しくてたまらず、夜、こっそり電柱から引きはがして、折り畳んで、自分の大事な物を入れる小さな木箱に入れておきました」

当時、日本全国のあちこちで目についた海軍志願兵募集のポスターは、室さんの心に海軍への憧れをかき立てたのだった。

「その後、大郷村にもどって家の仕事を手伝っていた頃、昭和一七年の夏か秋でしたか、たまたま道で尋常高等小学校時代の先生に出会ったら、「おい、海軍に志願しないか」と言われました。当時、私は軍人に憧れていたというか、特に海軍に憧れていましたから、心がふと動いたんです」

こうして憧れていた海軍への志願を、小学校時代の教師から勧められたとき、室さんの頭に閃いたのは、その海軍志願兵のポスターだった。家に帰り、大事にしまっておいたポスターを手にしながら、志願の決意が湧いてきたという。そして、村役場の兵事係の西邑仁平さんに話して、志願用の書類を用意してもらった。

「志願書をいつ出して、どんなことを書いたのかは覚えていませんが、大郷村から同じ時に志願して海軍に入ったのは、私も含めて七人でした。そのうち私の同級生が三人いました」
「兵事ニ関スル書類綴」（昭和八年〜昭和二十年）に、昭和一七年一一月二五日付けと二六日付けの「海軍志願兵志願書送付ノ件」という文書が含まれている。大郷村長から坂田東浅井地方事務所長に宛てたものだ。そこには計一二人の志願者名、住所、戸主名、続柄、第一・第二希望兵種が記されている。みんな十代後半の若者たちだった。

そのなかに室さんの名前もあり、第一希望兵種は水測兵、第二希望兵種は機関兵となっている。そのことから、室さんが志願書を提出したのは、昭和一七年一一月だったことがわかる。

「当時、西邑さんが兵事係でお世話してくれる人だとは知っていましたが、私の場合、西邑さんから直接、志願するように勧められたわけではありませんでした」

志願兵の身体検査と学力試験はその年一二月四日に長浜町（現長浜市）勧業館で、坂田郡と東浅井郡の志願者が一堂に会しておこなわれた。

「私に志願するよう勧めた先生が、私たち大郷村の志願者のために、学力試験に備えて補習をしてくれたことを覚えています。試験は国語と算数で、簡単でした」

こうした室さんの話からは、海軍志願兵募集のための勧誘や志願兵の割当員数を達成するための学習指導などに、当時の教育関係者が深く関わっていたことがわかる。それは、前記の海軍志願兵に関する兵事書類の内容を裏付けるものだ。

志願兵合格の日

ところで、室さんは海軍に志願したことも、身体検査と学力試験を受けたことも、家族には一切話していなかった。話せばきっと反対されるにちがいないと思ったからだという。友達にも口止めをしていた。しかし、遠からず事実が明らかになる日が来た。

「昭和一八年二月のある日、志願兵合格を知らせに西邑仁平さんが家にやって来たんです。たしか雪が積もっていました。「今日は」と入ってきた西邑さんを見ると、扇子を手にしていました。この地方では、慶事や弔事のあらたまった席には扇子を手にして訪ねる風習があります。その扇子を持った姿を見て、私ははっと思ったんです。志願兵の合格のことではないか、と。志願兵合格はめでたいことなので、扇子を持っているのだ、と」

しかし、室さんが海軍に志願していたと露知らぬ父親は、不思議そうに、「何事ですか」と西邑さんにたずねた。

「すると西邑さんは、「おめでとうございます。息子さんの海軍への入団の日が決まりましたから、お知らせに来ました」と答えたんです。しかし、そう言われても父は何も知りませんから、いったい何のことかと驚いたわけです。西邑さんも、「聞いておられないんですか！」と驚いていました」

そのとき、室さんは初めて父親に海軍に志願していたことを告げた。父親は腰を抜かさんばかりに驚いた。西邑さんが帰ってから、父親は室さんを叱った。

「明くる日、父はいてても立ってもいられず、京都にいる伯母二人に連絡しました。そのうちひとりは私の育ての親です。駆けつけた伯母たちと父は口々に、「ひとり息子が志願などして兵隊に行って戦死したら、どうするんだ」と猛反対しました」

それに対して室さんは、次のように答えた。

「人間はいずれ死ぬんだから、同じ死ぬんなら畳の上で死ぬよりも、戦場で死んだほうがええやないか。いずれ二十歳になれば徴兵されて死ぬことになるんだから。それに、志願して先に入隊していたほうが、上の階級にいられる」

結局、父親も伯母たちも、言いだしたら聞かない室さんの性格を知っていたし、「合格して入団の日も決まったのなら、もう取り消せない。今さらどうにもならない」という事情もあり、あきらめたのだった。

「やっぱり当時、海軍に憧れ、戦争に憧れていたというか、いわゆる軍国少年だったんですね。ですから、志願兵に合格してからは、毎朝、家の神棚に、どうか自分が戦場に行くまで戦争が終わりませんようにと祈っていました。とにかく、戦争に行きたい、手柄を立てたい。当時はそれが自然な気持ちでした。いま考えれば、完全に洗脳されていたわけですが……。小さな頃から、「ぼくは軍人大好きよ　今に大きくなったなら　勲章つけて剣

さげて　お馬に乗って　ハイドウドウ」と、そんな歌で育てられてましたからね。親が子どもにそう歌って育てていた時代だったんです。歌といえば軍歌ばっかりで。あの頃の日本の状況を、いま北朝鮮と重ね合わせて思い出すんですけどね。もう国民がみんな目を塞がれ、耳を塞がれて、上から流れてくるものを信じていた。上意下達でしたからね……」

そして二月一八日午前一〇時、大郷村役場において「海軍志願兵採用証書」が、室さんを含め合格した七人に交付されたことが、「海軍志願兵採用証書交付ノ件」という兵事書類の記述からわかる。ただ、室さん自身はその採用証書を役場に取りにいったかどうか、記憶が定かでないという。

辞世の歌を書いて

入団の日が五月一日と決まると、室さんは身辺整理をした。手紙やノートも畑で焼いた。生きて帰れるとは思っていなかったという。

「あの頃、軍隊に入る前に遺書みたいなものを残していく人もいれば、辞世の句や歌を書いて、そっと自分の部屋の本などにはさんでおくとかしていましたね」

室さんは自分の部屋で、「大君の御稜威輝く海原に醜の御楯と我も征かなむ」と、半紙に筆で書き、大切な物を入れる木箱にしまった。それは誰にも見せなかった。そのとき、一七歳だった。

「辞世の歌ですね。もう当時は、すべて天皇陛下ですから……。結局、ええ格好してたんでしょうね。自らを鼓舞していたわけです。いろんな偉人、哲人の話を聞かされて、そういったものに対する憧れもありました。あの時分の一番の憧れは「忠臣蔵」、大石良雄(内蔵助)だったり、幕末の勤皇の志士たちだったり。吉田松陰の辞世の歌、「身はたとひ武蔵の野辺に朽ちぬとも留めおかまし大和魂」という歌などですね。私は講談本が好きでしたから、英雄豪傑について書かれたものを友達から借りては読んでいました」

一九四三(昭和一八)年五月一日。室さんら昭和一八年度海軍志願兵の入団の日が来た。「兵事ニ関スル書類綴」(昭和八年〜昭和二十年)には、昭和一八年四月二六日付け、大郷村長から各関係区長・団体長宛て、「海軍志願兵見送リニ関スル件」が綴じてある。そこには、七人の志願兵の氏名と出身地区(大字)名が列記され、「出発月日　五月一日。乗車駅　虎姫駅。乗車時刻　十五時五十分」と書かれている。志願兵の出身地区の区長、在郷軍人会や国防婦人会など各兵事団体の長に、見送りを頼む旨が記されている。当時、村から志願兵が出るのは名誉なことだと思われていた。

室さんによると、入団の日、天気はよかったという。国防色の国民服を着た志願兵七人がそろって西邑さんに引率され、虎姫駅に向かった。それぞれの志願兵の出身地区の人たちが駅まで見送ってくれた。みんなで隊列を組み、姉川の堤防を歩いていった。相当な人数だった。ときおり日の丸の小旗や軍艦旗を振りながら軍歌を歌った。

「あの頃は、「日本陸軍」という「天に代わりて不義を討つ　忠勇無双のわが兵は　歓呼の声に送られて　今ぞ出で立つ父母の国……」などの軍歌です。家族は、家を出たところの道の曲がり角まで見送ってくれました。家を出る前に、仏壇の前で手を合わせていた私の後ろから、継母が「体に気をつけて、しっかりやってきなさい」と言い、父は「人に笑われることのないよう、しっかりやってこい」と言いました。それだけですね、両親との別れはそれだけです」

室さんは、仏壇に手を合わせていたときに何を思っていたのか覚えていないという。

「無心に手を合わせていたというか、無事に帰ってこれますようにと、祈ったわけでもなかったですね。帰ってくるという意識はなくて、ただ前を向いて、という気持ちだったと思います」

志願兵たちは引率者の西邑さんとともに、虎姫駅を午後三時五〇分発の軍用列車で発った。

「駅頭で、志願兵を代表して中川甚三郎君が挨拶し、「お見送りありがとうございました。元気で行ってまいります」と言いました。私たちは手を振りながら出発しました」

同じ列車には、滋賀県北東部の市町村からの他の海軍志願兵たちも乗っていた。列車は、海軍舞鶴鎮守府のある京都府の舞鶴へと向かった。

軍艦「長良」乗組員に

舞鶴は軍港で、室さんたち志願兵は海軍の基礎訓練を受けるために舞鶴海兵団に入団した。一九四三（昭和一八）年八月一五日までそこで新兵教育を受けたのち、室さんは機関兵として軽巡洋艦「長良（ながら）」に配属された。ほかの大郷村出身の志願兵たちも、それぞれ別の配属先で任務につくことになった。

『軍艦・長良 戦没者合同慰霊祭』（山田藤治郎編、軍艦長良慰霊会、一九七七年）によると、軽巡洋艦「長良」は全長一五八・五三メートル、幅一四・一七メートル、吃水四・八メートル。基準排水量五一〇〇トン、公式排水量五五七〇トン（戦時装備をして約七〇〇〇トンになる）。一九二二（大正一一）年に就役し、定員は約六二四名だった。

八月一六日、舞鶴に入港した「長良」に室さんは乗船した。機関科電機部の配属になった。その後、「長良」は舞鶴にあった海軍工廠のドックで修理を受けた。

「修理は一〇月に終わりました。それから瀬戸内海に行って、ほかの軍艦とともに演習をしながら、豊後水道を通って太平洋へ出ました。そしてサイパン島に入港し、物資、主に砂糖を積み込んで、一〇月末にトラック島に着きました。南の水平線の上に南十字星が見えました」

トラック島は西太平洋のカロリン諸島にあり、当時、日本の委任統治領で、日本海軍の太平洋での最大根拠地として基地が置かれていた。「長良」はトラック島を拠点に、あちこちの島の日本軍守備隊に物資輸送をした。南半球のニューブリテン島ラバウルまでも行った。その頃、軽巡洋艦「阿賀野」がアメリカ軍の空襲を受けて、洋上で航行不能になった。「長良」はその救助に向かった。

「船内はかなり浸水していて、残っていたおよそ一〇名の戦死者の遺体を収容し、水葬にしました。私は初めて水葬を見たんですが、手の空いている兵隊は全員甲板に集まって、ラッパ手が「あしびき」という悲しい旋律の曲を吹奏するなか、ハンモックに包んだ遺体を一体ずつ沈めてゆきました。本当はハンモックに包み、さらに軍艦旗で覆うのですが、その頃はもう物資がなく軍艦旗もなかったのでハンモックのみでした」

語りながら室さんの声は沈みがちになった。

「そして、ロープに結んで水面に下ろして、ロープを解く。全員敬礼をしながら見送りました。みんなぼろぼろ涙を流しながら見送ったんです。みんな思いは一緒でしたけど、もしもこの様子を遺族の方が見たら、どんな気持ちになるだろうかと考えました。すると上官が、「水葬はまだいいんだぞ。遺髪や遺爪を郷里へ送れるから。交戦中に戦死して甲板から海に落とされてしまったら何も残らない」と話しました。戦死者の白木の箱が帰ってきても、石ころが入っていたということを聞きますが、そういう場合ですね……」

太平洋上の戦闘

その年一二月、「長良」はトラック島の東方にあるマーシャル諸島に行き、一二月四日の夕刻、クェゼリン環礁（環状の珊瑚礁）に着いた。クェゼリン泊地と呼ばれた環礁内の海に停泊し、クェゼリン島にトラック島から乗せてきた陸軍守備隊の兵士たちと武器弾薬を下ろした。そして、クェゼリンの守備についていた海軍陸戦隊の負傷兵八名を乗せた。

翌五日の早朝、次の目的地ルオット島に向かう航行中の午前五時頃、艦内の警報ブザーが急に鳴りだした。

「四時に朝食をとったあと、機関科で私は戦友三人と日用品を配給しているところでした。ブザーは、演習の場合は断続的に鳴り、戦闘だと連続して鳴ることになっています。しかし、誰も演習なのか戦闘なのかよくわからなかったんです。ただ、みんないつも通りの演習だろうとの思いで、配給品を各人の棚に分けて入れるのは後にしようと、そこにまとめて置いて、早く上へ行こうと言って中甲板まで上がりました」

中甲板に上がった室さんが、誰かが叫んだ「来たぞー」という声にはっとして目をやると、右舷前方の空に、まるで雀が群がっているような米軍機の真っ黒な機影が迫っていた。爆撃機や戦闘機でおそらく五〇機以上はいたのではないかという。

「驚いて、ともかく自分の持ち場の変電室に走ったんです。そこに行くと、機関長がいて、まず「防毒マスクを出せ」と言われました。そのうちに、大砲の音が聞こえ、機関銃の音も聞こえてきました。中甲板から変電室へのラッタル（梯子）を下りた所に防毒マスクの棚があり、私は工作台に乗って防毒マスクを出して、下にいた兵隊に渡していました。

するると突然、バリッバリッと凄まじい音がして銃弾がラッタルの上のドアを突き破って飛び込んできたんです。ちょうど私たちの横に、水を入れたドラム缶二本が固定されていたんですが、銃弾はそれに当たって、水が噴きこぼれました。下にいた兵隊二人は部屋の奥に逃げていきました。私は工作台の上で逃げられません。そのとき、ふっと浮かんだのは、よしっ、死んでもいい、名誉の戦死だ、村葬で弔ってもらえる、という思いでした。そうしたら、もう気持ちが落ち着いて、案外冷静になっていられたんです」

そのとき変電室の奥のほうから機関長が大声で、「おい、室、おるんか！　大丈夫か！」と呼んだ。室さんは、「はい、大丈夫です」と答えた。「こっちへ来い」と言われたので、残っていた防毒マスク四個を持って、そこに行った。

機関長の「当直兵四名に防毒マスクを届けなければならない」という言葉に、室さんは「自分が持ってゆきます」と言い、ラッタルを昇って中甲板に上がろうとした。

「艦は動いていましたが、スピードが落ちていて、船体は右に傾き気味になっていました。どこかがやられて浸水したんでしょう。中甲板に通じるドアを開けようとしても、銃弾で無数の穴が空き、ひん曲がってますから、なかなか開きません。やっぱり恐ろしくて力が入らなかったんでしょうね」

するると、山田兵長という人がラッタルを駆け昇ってきて、「おい、こんなところに止まっておったら、やられるぞー」と叫んで、力一杯ドアを蹴った。ドアが開いた。室さんは山田兵長から、「走れ！」と言われて、後ろから外に突き出された。背後でドアが閉まった。

「はっと中甲板の後部を見たら、兵隊が二、三人倒れていました。動いていない。そして前を見たら、倒れた兵隊二人が甲板の端っこから、船から落ちかかっているのが目に入ったんです。二人ともハンドレール（手すり）に体が引っ掛かっているだけで、足が内側にあって、頭は波をかぶる位置にまで垂れていました。知っている兵隊で、一人は宮崎君といいます。これはいかんと思って、走り寄って片方の手で足をつかんで引っ張った。もう片方の手は防毒マスクを抱えています。引き上げようとした途端に、艦の後方から前方へ、水面、波すれすれに米軍機が飛んできて、向こうの顔が見えて、向こうもこっちを見た途端に、ダッダッダッと機関銃を撃ってきたんです。雷撃機でしょう。機関銃を横向きに撃ってきて、飛び去った。そうしたら、次の米軍機がまた来るんですね。もう、私は無我夢中で逃げてしまったんです。宮崎君の足から手を放して。せめて甲板の、波のかぶらないところまで引き上げられていたら、遺体が残ったかもしれません。後から後悔したんですけど、もう無我夢中で走って物陰に隠れました。しばらくして振り返ると、宮崎君らの遺体は波にさらわれて、もう見えませんでした……」

「お母さーん、お母さーん」という声が

そして室さんは、前方の機械室に下りる階段の近くに、ひとりの水兵が倒れて呻いているのに気づいた。その水兵の体はまだ動いていた。室さんが近づこうと思っても、米軍機の銃撃が続いているため、どうにもならない状況だった。

「どうしようもなくて、様子を見ていたんですが、そのときあちらこちらから、呻き声とともに、「お母さーん、お母さーん」という声が聞こえてきたんです……。子どもの頃から、日本の兵隊さんは戦死をするときに、「天皇陛下万歳」を唱えて死んでいったという話を聞かされていたんですけれど、そのとき、「天皇陛下」のひと言も、「て」の字も聞くことはありませんでしたね。異口同音に、「お母さーん、お母さーん」でしたね……。そのうちのひとりが、「お母さんに会いたいーっ」と叫んでいました」

語り継ぐ室さんの声は、いつしか湿っていた。繰り返し室さんが口にする、「お母さーん、お母さーん」というその言葉が、喉の奥、胸の底から絞り出されてくる。

「私も必死で物陰に入ってますから、姿は見えないんですけどね、「お母さーん、お母さーん」という声は、一生、私の耳の底に残ってますね……。みんな私と同じ二十歳前後の若い兵隊たちでした。息を引き取っていく兵隊たちの瞼には、おそらくお母さんの顔が浮かんでいたんでしょう……」

「そして、私も防毒マスクを届けるという任務がありますから、なんとか機械室に下りる入口までにじり寄ったら、そこには、水兵の上下白の作業服の下半身が真っ赤な血に染まって倒れている兵隊がいました。私は、「おい、しっかりせい！」と言うたんですが、ただ呻いているだけでした。しかし、どうにもしようがない。そうしたら、またバリッバリッバリッと銃撃音が響いて、米軍機の弾が鉄板に当たる音がする。物凄い音です。だから、もうそこにはいられなくて、あわてて機械室に降りてしまったんです」

そこで、室さんは当番兵たちに防毒マスクを渡した。ひとりの下士官が、「室、上はどうなっているんだ！」と聞いてきた。「はい、みんな倒れています」と答えると、「帰りは甲板に出たらいかんぞ」と言われた。「この階段を昇って行ったら、機械整備をするときの足場がずっと残っている。それを伝って行け、突き当たったら階段があって、それを上がったら変電室のドアがある」と教えられた。

「機械室に下りるところに兵隊がひとり倒れていると伝えましたが、下士官に「だめだ、行くな。行くとやられる」と言われました。そして、教えられた足場を伝ってもどったんですけれど、あのとき血に染まって倒れていた若い兵隊のことを後から思いますとね、悔いが残ります。なぜ引っ張ってこれなかったのか、と。いわゆる、見殺しにするという言葉がありますが、そういった行為を自分はしたんだ、と……」

「巡洋艦長良交戦記録」

『軍艦・長良　戦没者合同慰霊祭』に、一九七七年当時の防衛庁防衛研修所戦史部資料を基にした、「巡洋艦長良交戦記録」が載っている。それによると、このとき室さんが経験した戦闘は、「マーシャル群島クエゼリン礁内対空戦闘」と名づけられている。交戦時間は昭和一八年一二月五日の午前五時一分から午前六時三七分までだ。「交戦状況」として、次のように記されている。文中、「05・01」や「05・25」などとあるのは、午前五時一分や午前五時二五分などを指す。

物件輸送ノ為「クエゼリン」泊地発「ルオット」泊地ニ向ウ途次、05・01「ルオット」島ノ南10浬(カイリ)付近ニ於テ敵艦上機ノ大群来襲対空戦闘、之ト交戦。05・06敵爆撃機7、左艦尾ヨリ来襲緩降下投弾。05・07至近弾2弾ヲ受ケ一番聯管誘爆、前部兵員室火災及ビ浸水、艦載機焼失。05・18～05・23左舷艦首、右舷正横ヨリ雷撃機10数機来襲之ニ攻撃ヲ加エ敵雷撃機2機撃墜(1機不確実)。05・25～05・30再ビ雷撃機10数機来襲1機撃墜。05・31　1缶室浸水。
05・45右10度傾斜。一時避退中ノ敵機06・17左160度高角30度15粁（キロメートル）ニ認メ機銃射撃ヲ開始。06・22雷撃機4機来襲。06・37敵機概ネ撃退。06・48前部火災鎮火。
07・53五十鈴艦長ノ指令ニ依リ輸送任務ヲ一時中止「クエゼリン」ニ回航ス。

次に「被害状況」とあり、こう書かれている。

至近弾2発ヲ受ケ、艦体前部水雷砲台付近大破孔ヲ生ジ、6、7、8兵員室浸水又ハ、火災兵器武式3・5米（メートル）測巨儀、3番主砲砲身被弾ニ依リ損傷セル外、各科共ニ可成リ損傷アリ。艦載機焼失、機関1、2号缶炉内煉瓦激動ニ依リ炉内浸水セル外、缶室ニ大小ノ損傷ヲ受ク。

さらに人員の「被害」は、「至近弾2発ヲ受ケル。戦死48、重傷31、軽傷81」とあり、「戦果」は「TBF3機撃墜（1機不確実）」とある。

戦死者が四八人、重傷者が三一人、軽傷者が八一人という数字は、多大な被害を受けたことを物語っている。

『軍艦・長良　戦没者合同慰霊祭』は、一九七七年八月七日に開かれた「軍艦長良戦没者合同慰霊祭」に際し、「長良」の元乗組員や「長良」の戦没者遺族など関係者が発行した冊子である。私はそれを国立国会図書館で見つけてコピーし、室さんを訪ねてインタビューするときに持参していた。

室さんはこの冊子の存在を知らなかったようで、「マーシャル群島クエゼリン礁内対空戦闘」での「戦死48、重傷31、軽傷81」という記録を見て、「あぁ、そうでしたかぁ……」と嘆息した。

戦闘当時、室さんはこのような被害の正確な情報を知らなかったという。それは室さんら機関兵や水兵など階級が兵の者たちには知らされなかったようだ。限られた将校や下士官だけが把握していたのではないだろうか。

室さんは、「戦死48、重傷31、軽傷81」とつぶやき、こう語った。

「海に落ちた遺体もありましたが、艦内に残された戦死者の遺体は戦闘終了後、集めました……。そのなかに、クェゼリンから乗せた海軍陸戦隊の負傷兵八人も含まれていたんです。かれらは地雷などでやられて、全員が足を負傷していました。脛とふくらはぎとの間に大きな穴が空いていたり、足首から先を失っていました。この人たちがいた部屋が、米軍機の攻撃によって浸水したんです。足を負傷していて動けないので、結局、溺死してしまったんですね。遺体は水につかっていました。こうして集めた遺体を、クェゼリン島に運んで火葬にしたと記憶しています」

偽りの「大本営発表」

「長良」はクェゼリン環礁からトラック島にもどると、そこで応急修理をした。いつ空襲を受けるかもしれないという不安はあったが、トラック島には戦艦「大和」も来ており、その隣に停泊して応急修理をしたのだった。室さんら「長良」乗組員は、「大和がいるから大丈夫だろう」と言い交わした。

「トラック島に停泊しているとき、内地から新聞が届いたんです。その新聞を見ますと、ちょうど一二月五日の戦闘の記事が大本営発表で載っていました。それまで、艦内で私が聞いていたのは、「味方はかなりやられている。敵機は二、三機落とした」という話です。ところが大本営発表は、「敵の損害甚大、我が方の損害軽微」なんですね。それを読んで、みんなびっくりしたんです。何だこれは、と。大本営はこんなでたらめをやっとるのか、と。いったい誰がこれを報告したんだ、と。軍艦に新聞記者が乗っているわけではないですね。ということは、大本営の上層部で話し合って、これくらいにしておこうか、ということで出しているんだなと思いました。兵隊はみんな命がけで働いています。しかし、上層部はこんないい加減なことをやっているのかという憤りが湧いてきました。ところが、兵隊同士で話し合っているうちに、しかし無理もないんじゃないか、と。もし日本が負けているという本当の被害を発表したら、国民の士気も衰えてしまうだろう、それでは戦争にならん。だから、大本営は国民をだまさざるをえないんだろうな、と。やむをえないんだな、ということに結論は落ち着いたんですけどね。もうあの新聞を見たときはびっくりしたんです」

応急修理を終えた「長良」は、一九四四（昭和一九）年の一月中旬頃に内地へ帰ることになった。ただし航行不能になった駆逐艦を一隻曳航（他の船を曳きながらの航行）しなければならなかった。

「これは非常に危険でした。敵の潜水艦がうようよしている海域なのに、駆逐艦を曳航するというのは。そこで、一隻の駆逐艦が同行して、「長良」の周りを旋回しながら護衛をしてくれました。何回か潜水艦の魚雷攻撃を受けましたが、無事にかわすことができ、サイパンに着きました。サイパンから北はまあまあ安全でしたから、護衛の駆逐艦は南にもどり、私たちはたしか一月末に舞鶴に帰り着いたんです」

「長良」は海軍工廠のドックに入って修理を受けた。一方、室さんは上官の命令で選抜され、横須賀海軍工機学校に行くことになり、「長良」を下りた。

「私は工機学校に行きたかったので、ほっとしました」

五月一五日に入校式があり、三カ月間、機関術や電機術などを学んだのち、室さんは滋賀海軍航空隊への配属を命じられた。

「私は海上勤務を希望していたので、戦艦に乗せてくださいと言ったら、工機学校の教官からは、「室、残念ながら舞鶴にはもう乗る船はないんだ」という言葉が返ってきました。そして、「室、おまえは長男だろう。大きな声では言えないが、この戦争は全面降伏か本土決戦か、二つに一つ。おそらく本土決戦になるだろう。だから滋賀県に帰らせてやるんだ。親孝行をしてこい」と言われたんです。戦局について教官は相当確かなことを知っていたんでしょうね。滋賀海軍航空隊は米原の近くにあるらしいと言われ、それなら家にも近いから、行きますと答えました」

生き延びたことへの引け目

そして室さんは、大津にあった滋賀海軍航空隊の基地で電機関係の部署に配属され、そこで一九四五（昭和二〇）年八月の敗戦を迎えた。

「終戦のとき、基地では重要書類や図面を全部焼却しました。残務整理、進駐軍への引き継ぎを一〇月末日に終えて、復員しました」

室さんが乗っていた「長良」は、一九四四（昭和一九）年八月七日に、熊本県の天草下島の西方沖で、米海軍潜水艦の魚雷二発を受けて撃沈されていた。

『軍艦・長良　戦没者合同慰霊祭』によると、南西方面諸島作戦輸送任務の終了後、鹿児島から佐世保に向かう途中、八月七日の昼一二時二二分に魚雷一発が命中し、船体に火柱が上がった。浸水が始まり、船体が傾いたところ、一二時四〇分に二発目の魚雷が命中。遂に艦首を上にして直立、沈没したのだった。「戦死348名、戦傷41名、生存者235名」と記されている。

しかし、室さんが「長良」の撃沈を知ったのは、ずっと後のことだった。

「確か終戦の直前、昭和二〇年の七月頃でしたかね。滋賀海軍航空隊で、ある少尉に、「おい、『長良』はずっと前に沈められているらしいぞ」と言われたんです。自分は船を下りましたが、残った乗組員の多くは、潜水艦の攻撃で沈没したときに亡くなったんだなと思いました。自分は本当に運がよかったと言いますか……」

復員して大郷村に帰った室さんは、戦後しばらくして、「長良」の機関科の同僚で、「長良」撃沈時に戦死した京都出身の戦友の家にお参りにいったことがあるという。

「親しい戦友で、どちらかが戦死した場合、遺族に話をしないといけない。それはつらいことですから、「同じ県の出身でも、あまり親しくはできんぞ」と上官からは言われていました。そういえば、同じ船に乗っていても、お互い親しく身の上話をすることもあまりなかったような気がしますね。淡々とした関係だったと思います」

家に帰ってから室さんは、出征前に辞世の歌を書いていた半紙を畑で焼いたという。日本を占領した進駐軍が、刀など武器を探すために民家を回っていたので、戦争に関係する辞世の歌なども見つかれば差し障りがあるかもしれないと思ったからだ。

「大郷村から一緒に海軍志願兵になった同級生らのなかで、戦死した人がいたということは、戦時中にはまったくわかりませんでした。同級生でも配属先が違うと、消息がわからないし、会う機会もほとんどないんです。ですから、復員して帰ってきてから聞いたわけです。狭い村なので、誰がどうなったかは自然と耳に入ってきます。生き延びた同級生同士で話をしたときなどにわかるんです。しかし、自分はこうして元気で生きて帰ってきてますから、戦死した同級生の遺族に顔を合わせるのがつらいんですよ。家を訪ねてお悔やみの言葉を言わないかんのですが、それが本当につらいもんですから、できてないんですね……。密かにお墓を探して、お参りをしました」

「同じように海軍に志願して、自分の息子は戦死をしているが、友達はこうして元気に帰ってきていることを知って、向こうの両親もつらい思いをしているだろうと考えると、本当に、合わせる顔がなかったと言いますか……。また、クェゼリンでの戦闘で戦死した戦友に対しても引け目がありましたね。目の前で死んでいく人がいるのに、助けられなかった。助けに行けなかった。戦闘中のそのときに、自分は身を隠していた。見殺しにした。そのことへの引け目がありました……」

戦死した同級生たち

室さんと同じときに海軍志願兵として入団した同級生三人のうち、二人が戦死していた。一人は一九歳で、軽巡洋艦「名取」乗組員として、一九四四（昭和一九）年八月一八日にフィリピン東方の太平洋で、もう一人はやはり一九歳で、同じ年の一〇月二五日に防護巡洋艦「筑摩」乗組員として戦死した。

同級生ではないが、同期入団の一人が海防艦「天龍」乗組員として、一九四四年五月三一日に北太平洋で、やはり同期入団の一人が水雷艇乗組員として、同年六月二一日に南洋方面で戦死した。二〇歳と一八歳だった。

フィリピン東方の太平洋で戦死した同級生とは、戦時中、室さんは舞鶴の街で偶然出会ったことがあるという。

「昭和一九年の春頃でした。偶然出会って、二人で飲食店に入ったんです。その頃は食料不足だったので、スープの中に米粒が入っているお粥をすすりました。一旦、作戦で航海に出ると長く舞鶴を離れますが、軍艦が破損したりすると修理に帰ることがあるので、『そのとき休暇で、お互い街で出会ったら激励し合おうや』と話して別れました。結局、それが最後になりました」

また、室さんとは同時期ではないが、やはり海軍に志願して入った同級生たちのうち、一人が一九四一（昭和一六）年一〇月二一日に、横須賀海軍通信学校で亡くなっている。まだ一六歳だった。病気か事故だったのかはわからないという。駆逐艦「沖波」乗組員だった別の一人が、四五（昭和二〇）年六月二二日にフィリピンで戦死した。二〇歳だった。さらにもう一人は四五年二月二一日、海軍陸戦隊員としてサイパン島で戦死した。やはり二〇歳だった。

そのサイパン島で戦死した友達を、戦時中、室さんは舞鶴の映画館で見かけたが、言葉を交わす機会がないまま別れてしまったのだという。

「たしか昭和一九年の寒い頃でした。舞鶴の映画館で、私は二階席で映画を見ていて、映画が終わって電気がついて明るくなり、ふっと見回すと、彼が一階のスクリーンに向かって左側の通路を出入り口の方に歩いてくるのが見えたんです。コートを着ていました。私は急いで一階に下りて、人込みをかき分けながら後を追いましたが、見失いました。映画館の中も外も探したけれど見つかりません。切符係の女の子に、「海軍の軍人を見ませんでしたか」と聞くと、「四、五人が出ていかれました」と答えたので、大急ぎで道に出て後を追ってみたら、違う人でした。結局わからずじまいで、話もできず、そんな別れになってしまったんですけどね……」

そう室さんは声を落とした。

兵事係だった西邑さんにも、自分が志願を勧めた結果、海軍に入って戦死した若者とその家族への負い目があった。西邑さんは、海軍志願兵の「割当員数」を確保するため、ときには戸別訪問までして十代の若者とその家族に志願の決意を促したことにふれて、最後にひと言、こう洩らしていた。

「ぜひにと頼み込んで、志願してもらって、それで息子さんが戦死したら、親もつらいし、私としてもつらかったです……」

第八章

死者たちとともに

戦死の告知

兵事係として西邑仁平さんにとって最もつらかったのが、戦死者の遺族に、戦死の事実を告げることだったという。

「村の出身者が戦死すると、軍から電報で内報という知らせが役場に届きました。ただ、その訃報をご遺族に知らせるのに、すぐに直接その家を訪ねることは、あまりにもご遺族を驚愕させることになるので、まず、その戦死者の身内や親戚を訪ねて、その人からご遺族に前もってそっと知らせてもらいました。それから私が告げて、数カ月後に軍から正式な通知である戦死公報が送られてくると、それを私が届けるようにしていたのです。ほかの村や町ではどうしていたかは知りませんが」

そしてとりわけつらかったのが、同じ家から何人も出征していて、しかもすでに戦死者が出ているのに、また戦死の事実を告げなければならなかった場合である。

五人の息子が現役兵や召集兵として次々に出征し、そのうち三人が帰らぬ人となった寺田家、寺田利兵衛さんと駒野さん夫妻の家に、何度も戦死の告知をしなければならなかったときもそうだった。

第三章で述べたように、西邑さんが召集令状を届けたとき、召集される本人が不在で、代わりに赤紙を受け取った父親が、「そうですか、また来ましたか……」とじっとうつむいて、ぽろっと涙を落とし、西邑さんまでもが泣けてきたという、あの寺田家である。

寺田家は琵琶湖に面した大郷村の中浜地区に住み、水田は持っていなかったが、桑畑などはあり、農業をしながら、利兵衛さんの代から鮎の養殖と稚鮎の放流の仕事をしていた。子どもは八人で、長女の光枝さん、二女の利枝さん、長男の利美さん、二男の實さん、三男の衛さん、四男の満さん、五男の昇さん、六男の悟さんの順だった。出征したのは長男から五男までの五人である。

長男の利美さんは陸軍に召集されて、中国戦線に。戦後、無事に復員した。

二男の實さんも陸軍に召集されて、中国戦線に。中国中部（中支）の各地を転戦中に足と背中を負傷。敗戦後の一九四六（昭和二一）年三月に中国で戦病死した。二八歳だった。

三男の衛さんは陸軍の現役兵として、当時の満州守備隊に配属された。除隊後、一九四四（昭和一九）年に召集され、ビルマ派遣軍の師団司令部に配属された。翌年一月、イギリス軍戦闘機の機銃掃射を受けて戦死した。二七歳だった。

四男の満さんは陸軍の現役兵として、中国戦線に。戦後、無事に復員した。

五男の昇さんは陸軍の現役兵として、フィリピン派遣軍に配属され、一九四四年四月、サマール島で戦死した。二二歳だった。

「また仁平さんが来はった！」

寺田家の二女で中川家に嫁ぎ、小学校教師をしていた利枝さんは、出征していた弟たちの戦死を、西邑さんから知らされたときのことを、こう振り返る。西邑さんが小学校に呼びにきて、利枝さんに話をしたのだという。

「仁平さんから、「私はよう言うていかんで、あんた家帰って伝えてくれ」と言われたんです」

すでに戦死者の出ている寺田家に、新たな戦死の知らせを届けることに、西邑さんは「前にも増して心が重く、利枝さんに先に告げて、利枝さんの口から両親に伝えておいてもらおう」と考えたのだったという。

そのとき村を流れる姉川の土手で、西邑さんは利枝さんに話をしたのだが、それを末弟で六男の悟さん（現姓、川瀬）が偶然、目にしていた。悟さんはそのときのことを次のように語る。

「姉と仁平さんが何か話しながら、うろうろしているのが見えたんです。ああ、また仁平さんが来はった！　また誰かが戦死したんやとすぐにわかりました。お袋にどう言おう、お袋はどんなに気落ちするだろう、どうすればいいか、と私は頭を抱えました……」

　そして利枝さんが家に来て、両親と悟さんに、つらい知らせを伝えたとき、利枝さんの口からは「またや……」という言葉しか、すぐには出てこなかったという。

　その当時の体験を利枝さんが綴った一文がある。「面影しのび……追憶」という題で、『広報びわ』（平成七年八月一五日号）に載ったものだ。『広報びわ』は、大郷村と竹生村が合併してできたびわ町（一九五六年の合併当時はびわ村。現在は長浜市に合併）の発行物で、「平成七年八月一五日号」には、町民の戦争体験が掲載されている。利枝さんは次のように書いている。

「昭和二十年八月十五日は忘れることのできない記念日である。弟三人の戦死！「實」「衛」「昇」である」

「眉の濃い笑顔のかわいい三人の顔々……若い身空で次々と出征し、戦地におくられた。当時は国のため、名誉な家と世間から眺められていた。中支、ビルマ、フィリピンとそれぞれの地に、いやおうなしに召されていった。家を出る時、弟たちは「きっと勝って帰ってくるから心配せんでいい」と父母の心に勇気を与えて、元気に出征していった」

「昭和十六年十二月八日に始まり、二十年八月十五日で終戦。あの戦争の間の私達の暮しは言語に絶するものばかりであった。〔中略〕。戦時中、ただ黙々と歯を食いしばって生きてきた私達が、何を苦しみ、何を食べ、何を身に着け、どんな風にして生きてきたかを記録して、次代を担う若者に伝えたいと思う今日この頃である。月日が経つのは早いものである。終戦となって五十年。昭和十六年十二月八日、ラジオで放送されるや、ラジオのない家庭へは一軒一軒知らせに行ったのであった。遂に、そこに召集令状がきた。

「遂に、私の弟五人にもきたのであった。当時、私の実家は父母が留守を守っていてくれた。段々戦争は激しくなるばかり、留守家族も苦しい生活。一升壜でお米をつく、防空頭巾づくり、防空壕掘り、何もかも配給。「我慢します勝つまでは」がモットーであった。女子青年団は千人針づくり。今度は誰が征くのと、千人の人が一針目ずつ結び目をつくって、「武運長久」を願い、寅年の人だけは年の数だけ結び目が許された。虎は千里をいって千里帰ると言って、縁起がよいとされた。しかし、大切につけて出征した弟たち三人は、それぞれ異なった戦地で戦死したのであった。「公報」――「壮烈な戦死を謹んで哀悼の意を表す」。父母は白木を抱きしめて泣いた」

「その三人目の公報については、当時役場の兵事係西邑仁平さんはさすがに心のやさしい人で、「三人目の戦死はよう知らせに行かんから、あなたが実家に行ってそっと知らせてほしい」と言ってこられた。思いがけないこと、辛い役目を申しつかったと当惑にくれたが、一大事一刻も早く知らせねばと自転車を走らせ姉川堤へ一目散！　里の家の前まで行ったが、内までなかなか入れなかった。私の慌てた姿を見つけた父は、そんなところで泣いて何が出来た。嫁ぎ先に何か出来たのかと問われ、泣く泣く三人目の戦死を代わって伝えたのであった。お国のためと言うて今まで堪えてきた両親も、この時ばかりは耐えきれず頭を畳にこすりつけてオーオーと泣いたのであった」

「元気に運良く帰還して、平成の時代の幸せをかみしめながら元気に暮らしている人も沢山あろうのに。あの当時のことであるから、死亡賜金は米一升二合、葬儀料も四十円位。若い身空を、男盛りの命を思えば、確かに雑な扱いだったと思う。どの様にして、最期を遂げたか誰も知る由もなかった。弟たちは、実に短い命を頂いたのだ！」

兄弟それぞれの道

五人の兄たちが次々と戦地に向かっていくのを見送った川瀬悟さんは、一九二八（昭和三）年の生まれである。太平洋戦争中は中学生だったが、授業を受ける日よりも、勤労動員で琵琶湖の干拓作業に出たり、農作業をしたりする日が多かったという。

「兄たちのうち、三男の衛、四男の満、五男の昇は徴兵検査に甲種合格して、現役兵で軍隊に入りました。一方、長男の利美は背が低かったために、次男の實は背は高いが痩せていたために、体格がよくないということで丙種合格だったんです」

兵役法では、丙種合格は現役兵としての徴集の対象外だが、戦時の召集はありうる国民兵役に入れられると定めていた。

「丙種合格というのは、要するに「おまえは戦争には間に合わん、要らん」と言われたのと同じなんですね。つまり、二人は戦争に使ってもらえないということになったわけです。ところが、親父は日清戦争と日露戦争を経験してきた陸軍主計少尉でしたから、厳格だし、スパルタ教育をする親だったので、長男と二男がそろって丙種合格とは世間に対して恥ずかしい、顔向けできないという思いで、とても不満だったんです。現役の弟たちはお宮さん（神社）で村のみんなに万歳の声で送られて、「行ってきます！」と戦争に行ったわけですが、長兄と次兄はそれができなかったんです」

当時、現役兵は名誉なことで、悟さんは会う人みんなから、「兄ちゃん甲種合格、おめでとう」と言われたりするほどだったという。

「出征のときは、地区のお宮さんの境内に村の人たちが集まり、その前で現役兵の兄たちは挨拶をしました。あの時分は「撃ちてし止まむ」ということで、「戦争に勝つために努力してきます」という挨拶ですね。そして、地区の代表が「武運長久を祈ります」と言って、みんなで万歳三唱をして、「勝ってくるぞと勇ましく……」と軍歌を歌って送り出したわけです。花火を打ち上げたこともありました」

そうした時代の空気に肩身の狭い思いをしていた利美さんと實さんは、二人で示し合わせて東京へと出奔した。一種の家出であった。二人はしばらく東京で酒店などに勤めて暮らした。なお、利美さんが徴兵検査を受けたのが一九三四（昭和九）年で、實さんが三七

（昭和一二）年だった。

寺田家からは、最初に三男の衛さんが「昭和一三年徴集現役兵」（同年に徴兵検査に合格）として、一九三九（昭和一四）年五月に敦賀の歩兵第一九連隊に入隊した。西邑さんの残した兵事書類の、昭和一四年四月一五日付け、大郷村長から曽根・中浜・八木浜・川道区長宛て、「入営兵見送リニ関スル件」に、衛さんの名前が出てくる。

来タル五月一日、現役兵トシテ入営可相成（スベクアイナリ）シ本村内左記諸氏ハ、夫々（ソレゾレ）頭書ノ日時ニ出発セラル可候条（ベキソウロウジョウ）、従来ノ例ニ依リ同駅迄可成多数見送リ方御取計相煩シ度（タク）、此ノ段及通知候也。

入営部隊　敦賀歩兵第十九連隊
出発月日　四月三十日
乗車駅　虎姫駅
乗車時刻　午後一時十二分
大字　中浜
氏名　寺田衛

そして衛さんのほかにも、曽根、中浜、八木浜、川道といった地区出身の現役兵八人の氏名が並んでいる。衛さんはその後、当時の満州守備隊での任務を果たし、一九四二（昭和一七）年に除隊した。しかし、四四年に召集され、ビルマ戦線に送られる。

四男の満さんは「昭和一六年徴集現役兵」として、昭和一七年一月一〇日に、岐阜市に連隊本部のある歩兵第六八連隊（中部四部隊）に入った。

第一章で述べた、「徴兵ニ関スル書類綴」（昭和十五年〜昭和十七年）中の「昭和一六年徴集現役兵」の名簿には、その年の現役兵六三人の氏名、出身地区名、入営部隊名とその所在地、入営期日・時刻が記されている。そこに、「中浜　寺田満」の記載もあり、入営期日・時刻は「一月一〇日午前九時」となっている。さらに、「現役兵並教育召集者出発時間表」には、「出発月日　一月九日。乗車駅　長浜駅。乗車時刻　午後一時四十分。大字中浜。氏名　寺田満」とある。同じ列車に、大郷村からはほかに七人の現役兵と二人の第一補充兵が乗っている。こうして満さんは入営した後、中国戦線へと向かうのである。

五男の昇さんは「昭和一八年徴集現役兵」だった。「徴兵ニ関スル書類綴」（昭和十八年）に、昇さんの「徴兵適齢届」が綴じてある。「本人現住地」の欄に「大阪市西区道頓堀通リ三丁目一番地　塚田商店方」と書かれ、「現在ノ職業」欄に「鉄卸商出荷主任　五年七ヶ月」とあることから、当時、昇さんは大阪の鉄卸業者の店に住み込みで働いていたことがわかる。「就学程度」は「高小卒（大阪育英商工学校二ヶ年修業）」とあり、大郷村の高等小学校を卒業して、大阪で働きながら商工学校で学んだことがわかる。

「徴兵ニ関スル書類綴」（昭和十八年）によると、昇さんが徴兵検査を受けたのは、一九四三（昭和一八）年七月一二日、虎姫国民学校においてだ。その日、大郷村からは四四名が受検し、甲種一四名、第一乙種一二名、第二乙種一〇名、第三乙種七名、丙種一名という検査結果だった。

「昭和一八年徴集現役兵名簿」には、同年一一月から翌年五月にかけて各地の部隊に入営した現役兵三〇名の氏名が並んでいる。歩兵が一八名、野砲兵が七名、野戦重砲兵が一名、輜重兵が一名、飛行兵が一名、水兵が二名である。

昇さんは歩兵で、入営期日・時刻は「昭和一八年一二月二五日午前九時」、入営部隊は「中部三六部隊」（歩兵第一一九連隊）、入営部隊所在地は「敦賀郡粟野村」とある。そのとき、ほかに二名が同じ部隊に入っている。「入営兵出発ノ件」によると、昇さんら三名は一二月二四日午後一時五九分、虎姫駅発の列車で敦賀に向かった。その後、昇さんはフィリピンに派遣される別部隊に編入されたらしく、フィリピン戦線へと向かう。残された兵事書類からは、戦時下の寺田家の兄弟たちの足跡が垣間見えてくる。

次々と赤紙が

悟さんが語る。

「三男の衛は満州での三年間の務めを終え、無事に帰ってきて除隊後、今度は徴用されて、岐阜県の陸軍各務原（かかみがはら）航空隊の近くにある軍需工場で働きました。ところが、昭和一九年に赤紙が来て、敦賀連隊に召集されるんです。そして、部隊は秘密出動して、いつのまにか輸送船に乗ってビルマに行きました。兄は輸送船の船員さんに手紙を託したらしく、私たちはそれでビルマに行ったらしいと知ったわけです」

衛さんに赤紙が届いたとき、両親はとても驚いたという。

「親父は、「衛は現役を終えて、もう軍隊に行かなくてもいいと思っていたのに、しかも徴用され軍需工場で働いているのに、なんで召集されるのか」と怒っていました」

むろん、そのような怒りは家の内だけで見せたもので、決して公言できるようなことではなかった。そして、寺田家に届く赤紙は、それで終わりではなかった。

「親父とお袋は、息子三人がすでにこれだけ軍隊に行っていたら、もう大丈夫だと思っていたんです。ところが、上の兄二人にも召集令状が来ました」

東京に「家出」していた長男の利美さんと二男の實さんは、昭和一九年に、大郷村の家にもどってきていた。

「うちは鮎の養殖と稚鮎の放流事業をやっていましたから、男兄弟三人が兵隊に取られて、大変なわけです。一番上の姉と私が親父を手伝って仕事をしていましたが、やっぱり人手が要る。家業のためには、長男と次男を呼びもどさないといけないということで、親父が利美と實に帰ってこいと言って、二人は帰ってきたわけです。そうしたら、昭和一九年に、まず實に赤紙が来ました。丙種合格で、体が強くなかったから、まさか来ないだろうと思っていたのに、来たんです」

父、利兵衛さん、母、駒野さんはそのとき、「なんで實にまで召集が来たのか……」と嘆いたという。實さんは第一一六師団（「嵐」兵団）の補充兵として、中国中部の戦線に送られることになった。

「そして、まもなく跡継ぎの利美にも赤紙が来たんです。兄弟ではひとりだけ妻子がいる長兄にまで来たのか、まさか兄さんにまで、と私も愕然としました。親父は、「丙種合格で、初めは『要らん』ゆうてた二人まで戦争に取られるなんて……」と溜め息をついていました。家の中は悲劇ですね。まだ二歳か三歳にもならないひとり娘を置いて出ていく兄貴の気持ちを思うと……。内心、もう日本は負けやと思っている頃に召集ですからね。生き別れになるやもわからんと、兄はお袋と抱き合い、抱き合いして、出征していったんです」

悟さんは、長兄の利美さんが出征するときのことを振り返る。

「家に親戚や村の人たちが激励をしに訪ねてきました。兄はみんなの前では敬礼して、「行ってきます、行ってきます」と挨拶していましたが、私を、「ちょっとこっちに」と、屛風のかげに引っ張っていって、そこには兄嫁もいて、兄は私にこう言うわけです。「親父とお袋、姉さん、姪を頼むぞ」と、「自分たちのような者にまで召集が来るんだから、生きて帰れるかわからん。お前は末っ子だから大丈夫だ」と……。私は利美兄さんと風呂場のところに行って、抱き合って、そうして涙で別れたんです」と、悟さんは不意に声を詰まらせた。そして、こう言い添えた。
「家族は駅まで見送りに行かず、中浜のお宮さんで別れました」

「国民兵役編入者職業健康程度調査」

「兵事ニ関スル書類綴」(昭和八年～昭和二十年)に、昭和一六年一二月二四日付け、敦賀連隊区司令官から各市町村長宛て、「国民兵役編入者職業健康程度調査ノ件照会」という文書がある。そこには、こう記されている。

曩(サキ)ニ送付セラレタル第一国民兵役戦時名簿及徴集免除者壮丁名簿ニ就テ、当部要求ノ現在ノ職業及健康程度不明ノモノ多ク、配当上支障少カラザルニ付、全員ノ職業及健康程度連名簿ヲ作製、至急送付相成度及照会候也。

「国民兵役編入者」すなわち、兵役法で定められた国民の兵役義務のうち、現役、予備役、後備兵役、補充兵役以外の国民兵役にあたる者たちの、職業と健康程度を調査して、その名簿を至急、軍に提出せよと、各市町村に命じているのである。その調査と名簿作製は当然、兵事係がおこなった。

国民兵役には、現役・予備役・後備兵役を終えて編入された者と補充兵役を終えて編入された者からなる第一国民兵役と、それらを経ずに徴兵検査後すぐに編入された者からなる第二国民兵役があった。

陸軍の場合で、現役二年・予備役五年四カ月・後備兵役一〇年を終えた者は、徴兵検査を受けたのが二十歳だったから、すでに年齢が三十代後半になっているし、補充兵役一二年四カ月を終えた者は三十代半ばになっている。また、現役・予備役・後備兵役や補充兵役を経ない第二国民兵役は、徴兵検査で丙種合格だった者がほとんどだ。国民兵役の者は、戦時または事変に際して編成される国民軍の要員や、国内警備防衛に当たる兵員として位置づけられていた。

つまり国民兵役は本来、年齢的にも体格・体力的にも、戦場に動員が可能な常備兵役の兵員として位置づけられてはいなかった。だから、従来は事実上、召集されることはなかったのである。

しかし、日中戦争からアジア・太平洋戦争へと戦線が拡大してゆくなか、国民兵役への編入者についても、いざというときには召集できるように、軍は一人ひとりの職業と健康程度を把握しておく必要があった。

ところが、「現在ノ職業及健康程度不明ノモノ多ク、配当上支障少カラザルニ付」とあるように、職業と健康程度に関して十分な情報が集まっておらず、いざというときの「配当」すなわち動員に支障があるので、各市町村に「職業及健康程度連名簿」の作製・提出を命じたのである。

そのために、国民兵役の者に「国民兵身上申告」をさせるよう、軍は各市町村に指令していた。「兵事ニ関スル書類綴」（昭和八年〜昭和二十年）に、「国民兵身上申告」の用紙が綴じてある。

本籍地、現住所、徴集年、戸主名、戸主との続柄、氏名、生年月日、職業（従前の職業と現在の職業）、勤務先、従業期間、特有技能、各種免許の有無、健康程度、疾患状況、本人が不在の場合の召集通報人の住所氏名、家族状況を記入する欄があり、最後に申告日が「昭和十六年十一月三十日」と定められている。

こうして、大郷村からも「国民兵役編入者職業健康程度調査ノ件」（昭和一六年一二月三〇日付け）という文書を敦賀連隊区司令官に提出している。その文書には別紙「職業健康程度連名簿（丙種合格者）」が添えられている。これは第二国民兵役者の名簿で、その写しが綴じてある。

そこには、徴集年次「昭和六年」から「昭和一六年」までの、一三八人の氏名と職業と健康程度と徴集年次が書かれている。徴集年次が「昭和六年」から「昭和一六年」までということは、その時点で上は三〇歳から下は二〇歳までの年齢層に当たる。

そのなかに「寺田利美」と「寺田實」の名前がある。徴集年次は昭和九年と昭和一二年だ。職業は「農業」と「鉄商店員」。「健康程度」は二人とも「甲」になっている。

「国民兵身上申告」の「記載上ノ注意」には、甲は「野戦勤務ニ堪エ得ルモノ」、乙は「野戦ニ堪エザルモ内地勤務ニ差支ナキモノ」、丙は「野戦内地ノ何レニモ服セザルモノ。丙ニ該当スルモノハ疾患ノ状況具体的ニ記入スルコト」と書かれている。

利美さんと實さんはたとえ丙種合格であっても、当局から職業と健康程度をしっかりと把握されていたのである。

一三八人の職業を見ていくと、農業が最も多くて四一人。そのほかには様々な職業が並んでいる。呉服商、金物店員、鋼材業店員、郵便局電信係、郵便局集配員、鉄工所仕上工、左官、理髪業、時計商、乾物商店員、戦車・自動車旋盤工、自動車販売並修繕業、自動車運転手、運送業店員、ビロード製造業、鉄道駅手、薪炭業、僧侶などである。

このように職業を把握するのは、仮にいざ召集となった場合、第五章で述べたように、それぞれの特有技能を活かして、軍にとって適材適所に配属するための情報収集なのである。健康程度は甲が六五人、乙が六三人、丙が一〇人とある。丙と書かれた人の場合は、職業欄に疾病（肋膜炎）などと付記されている。

兵力の膨張

利美さんや實さんら丙種合格者で国民兵役の人たちにまで赤紙が届いたのは、その頃、陸海軍が戦争遂行のために兵力を膨張させていたからだ。

陸軍は、満州事変の起きた一九三一（昭和六）年に一七個師団約二〇万人だった兵力が、四五（昭和二〇）年の敗戦時には一六九個師団（歩兵師団のみで、ほかに四個戦車師団など）約五四七万人に膨れ上がっていた。海軍も、昭和六年に約七万八〇〇〇人だった兵力が、昭和二〇年の敗戦時には約一六九万人にも達していた。

こうした兵力の膨張は、中国大陸から東南アジア、太平洋へと戦線を拡大したあげく、戦局が不利となり、戦死傷者・戦病死者（餓死者を含む）が増大し、最終的には本土決戦に備えなければならなくなった結果である。

だから、従来なら召集されるようなことはなかった丙種合格者でも、兵員不足のため軍隊に取られる時代になっていたのである。丙種合格者からなる第二国民兵役の者を召集の対象とすべく、兵役法・召集規則が改正され、一九四二（昭和一七）年二月に第二国民兵の兵籍編入の措置がとられた。昭和一六年一二月二四日付けの「国民兵役編入者職業健康程度調査」の指令は、それに備えたものだったのではないか。

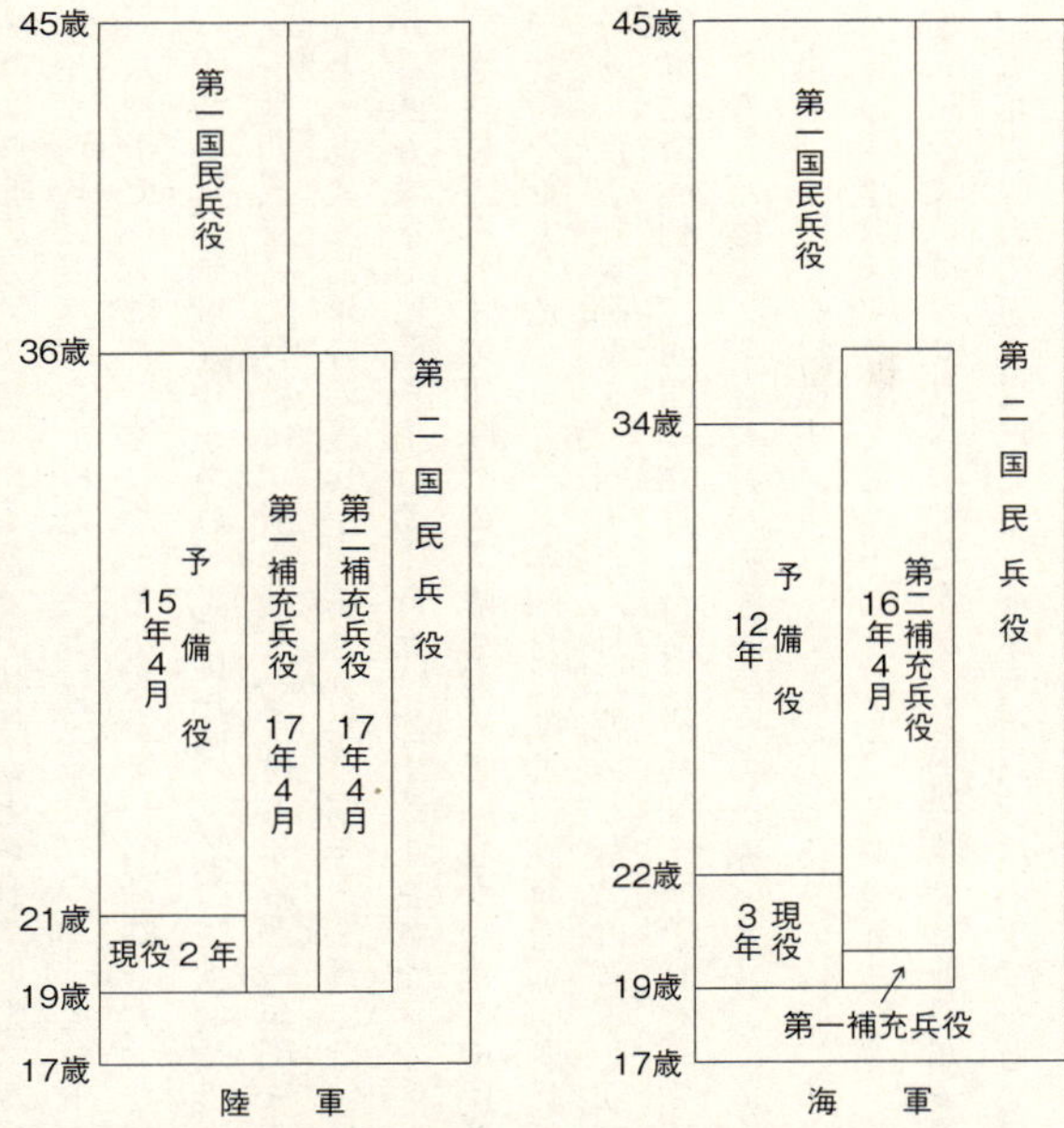

兵役の関係と年限（昭和18年）（『事典　昭和戦前期の日本　制度と実態』伊藤隆監修、百瀬孝著、吉川弘文館、1990年）

兵力膨張のため、ほかにも次々と措置がとられていた。軍は徴兵検査を通じて現役兵を増やすために徴集率を上げた。一九三三年に二〇パーセントだった徴集率は、四四年には六八パーセントにまで達した。また四三年一〇月に、大学などの学生に認められていた在学中徴集延期制度が停止され、「学徒出陣」がおこなわれた。

一九四三年一二月には、徴兵検査を受ける年齢が一年引き下げられ、その翌年は満二〇歳と一九歳の二年分の徴兵が実施された。同年一二月には、兵役期間を従来の四〇歳までから四五歳までに引き上げるよう兵役法が改正された。

さらに、それまで軍隊への入隊を認めていなかった、植民地下の朝鮮人と台湾人に対して兵役を拡大した。一九三八年四月に朝鮮に陸軍特別志願兵制度を、四二年四月に台湾に陸軍特別志願兵制度を、四三年八月に朝鮮と台湾に海軍特別志願兵制度を、四四年四月に朝鮮に徴兵制を、四四年九月に台湾に徴兵制を、それぞれ施行した。

こうした結果、どれだけ兵力が膨張したのか。それがわかる陸軍の統計が、『支那事変大東亜戦争間　動員概史（十五年戦争極秘資料集9）』に載っている。

その「連隊区別徴集人員表」によると、日中戦争の始まった一九三七年の陸軍現役（徴集）兵の総数は一七万人だったのが、太平洋戦争開戦の四一年には三三万人に、敗戦時の四五年には五〇万人に増えた。海軍もそれぞれの年で一万七〇〇〇人、五万六〇〇〇人、八万八〇〇〇人と増えた。

そして「連隊区別召集人員表」によると、各年の召集兵の総数も、陸軍が一九三七年で四七万人、四一年で六三万人、四五年で一一五万人に増え、海軍も記録のある四三年の九万六〇〇〇人が四五年には二〇万人へと増えた。

「連隊区別召集人員表」には都道府県別の陸軍の召集人員数が記入されている。それを見ると、滋賀県での召集兵は、一九三七年が四二三〇人、四一年が五六七〇人、四五年が一万三五〇人と倍増している。三七年から四五年までの間の滋賀県での召集人員の合計は、延べ五万五一八〇人だ。そのなかに、大郷村で赤紙を受け取り、出征していった人たちもいた。そのまま帰らぬ人もいた。

戦争末期の大量動員は「根こそぎ動員」とも呼ばれている。

戦死の知らせ

「当時、世間では絶対に日本が勝つと言われていました。親父も強気一点ばりで、村のみんなの前では、「日本は絶対に負けけん」と言ってました。しかし、ある晩、二階で寝ていると、下の部屋から、親父がお袋に寝床で話しているのが聞こえてきたんです。「利美や實のように、丙種合格だった者まで召集が来たんや。みんなの前では、日本は絶対に負けんと言うてるけど、もう日本はあかんぞ」と。私もそれを聞いて、確かに丙種にまでお呼びがかかるとなると、日本はどうなるんかなぁと思いました」

兵事係で、軍の指令に従って召集令状の交付にたずさわっていた西邑さんも当時、「丙種合格者まで召集するようになったということは、もう日本は負けるのではないか」と、内心思ったことがあるという。

そして寺田家には、戦死の知らせが届くようになった。悟さんが言葉を継ぐ。

「私のすぐ上の兄貴の昇が、フィリピンのサマール島で戦死したという知らせでした。戦死公報がどういう文面だったか、記憶が定かではありませんが、「フィリピン方面で壮烈なる戦死を遂げ」という言葉があったのを覚えています。白木の箱も届きましたが、遺骨は入ってなくて、名前を書いた紙きれだけが入っていました。兄はまだ二二歳でした」

「ビルマに行った衛からは、自分はビルマ派遣軍の司令部付きで、戦闘部隊ではないから、心配しないようにという便りが来ていました。親父とお袋も、私も、「司令部付きならええわ、大丈夫」と思っていたら、戦死の知らせが届いたんです。昭和二〇年一月一四日に、イギリス軍戦闘機の機銃掃射を受けて戦死した、と。戦後、同じ司令部にいた人が復員してきて、伝えてくれた話では、衛は部隊長をかばって、部隊長の体の上におおいかぶさったところを、撃たれて亡くなったといいます。部隊長は助かって、衛は死んでしまったということでした。二七歳でした」

両親は戦死公報が届くたびに、言い表せないほどの悲しみに暮れ、出征したほかの三人が無事に帰ってくるのをひたすら願っていたという。

「親父とお袋は毎日、姉川の堤防に椅子を持ってゆき、戦闘帽をかぶって帰ってくる人はいないか見ていました。四男の満が中国から帰ってきたのは昭和二一年の春で、突然帰ってきたこともあり、みんな大喜びでした。兄は栄養失調で痩せこけていました。親父は栄養をつけさせようと、毎日、姉川のウグイやハスを捕っては食べさせましたが、急にごちそうを食べたものですから、しばらく体を壊してしまいました。同じ年に、待ちに待った長兄の利美も中国から帰ってきました。兄には奥さんも子どももいましたから、それはそれはみんな大喜びで、お袋は兄を抱きしめて離しませんでした」

しかし、二男の實さんは帰ってこなかった。實さんは中国中部を転戦中、足に迫撃砲弾の破片を受け、さらに背中にも銃弾を受けて負傷した。敗戦を迎えたが、情報が徹底せず、一〇日あまりの交戦状態が続いたという。この歴戦の負傷や過労が元で戦病死した。一九四六(昭和二一)年三月一五日、中国の岳州第七二兵站病院で。二八歳だった。

「實の死を知らされたときは、親父とお袋は頭を畳にこすりつけて、声を上げて泣きました」

長男の利美さんは復員してくる前に、實さんに会ったという。弟が重い病気なので、連れて帰るわけにもいかず、自分は帰れるが、弟は置き去りにせざるをえなかった。

「利美は中国の中部で、實とたまたま会ったそうです。戦争は終わっていましたが、實は重い病気になって動けなかったようです。利美は帰ってきてから、實のことをあまり詳しく話しませんでした。戦病死したとだけで……。連れて帰りたくても、連れて帰れなかったわけですからね」

悟さんは語りながら、嗚咽をもらしそうになった。利美さんが實さんを連れて帰れなかった悔しさを身内に語るようになったのは、戦後しばらく経ってからのことだったという。

「五人が出征して、三人が戦死や戦病死。宿命でそうなったんやと思わないとしようがない。私は学生ながら（四年生で虎姫中学を繰上げ卒業）、そう考えました。ただ、三人目のときは、何と言うか腹立たしい思いでね。だけど、その当時、兵事係の仁平さんは何もかもの憎まれ役で大変だったと思います」

赤紙配達の青年も戦場へ

アジア・太平洋戦争中、一七歳の頃、西邑さんに頼まれ、召集令状の使者として赤紙を配ったことのある西尾保男さんにも話を聞いた。保男さんの兄、與三郎（よさぶろう）さんは一九四四（昭和一九）年にフィリピンのレイテ島で戦死している。

保男さんは一九二七（昭和二）年生まれ。家は農家で大郷村の川道地区にあり、稲作をいとなみ、養蚕もしていた。七人の兄弟姉妹だったが、そのうち三人が幼い頃に亡くなり、残っていたのは一番上の姉、兄の與三郎さん、二番目の姉、そして保男さんだった。

戦争当時、青年団員だった保男さんが赤紙を配ったときのことは、第三章でふれた。二、三回配ったが、記憶に残っているのは、真夜中に召集令状を受け取った男性が、妻とともに寝巻を平服に着替えて玄関に出てきて、令状の受領証に判子を押していたことだという。

「フィリピンで死んだ五つ上の兄も、青年団員で赤紙をずいぶん配っていました。支那事変（日中戦争）の頃ですね。だから、わたしが配ったのは兄が出征した後のことです」

西尾與三郎さんは一九二二（大正一一）年六月一一日生まれ。「徴兵ニ関スル書類綴」（昭和十五年〜昭和十七年）中の、昭和一七年徴集用「徴兵適齢届」の戸主欄には、與三郎さん本人の名が書かれている。父親を早くに亡くしていたので、三男だが健在の一番年長の男子ということで、與三郎さんが戸主になっていたのである。「就学程度」欄には「高等小学校卒」、「青年学校　課程」欄には「本科五年在学中」、「現在ノ職業」欄には「農業（自作兼小作）五年」と書かれている。独身だった。

與三郎さんは父親亡き後の一家を背負って働いていた。生活は苦しかった。保男さんも一九四一（昭和一六）年に小学校を卒業すると、兄を手伝って田畑で働いた。しかし、保男さんは結核に罹り、病床に伏した。

「そのときの兄の心境は如何ばかりだったろうと、いまつくづくと思い出します。でも、兄は少しも厭な顔を見せず、昼間働いて疲れた体で、夕方、私の薬を取りに、家から遠いところにある医院まで通ってくれました。おかげで、私は翌年末には回復し、医者から「もう薬は要らない。これからは大事に体を元にもどしなさい」と言われました」

兄、與三郎さんは弟の病気が治ったことに安堵した。しかし、その年、與三郎さんは徴兵検査に合格しており、明くる年の一月には入隊することになっていた。

「徴兵ニ関スル書類綴」（昭和十五年〜昭和十七年）によると、與三郎さんは一九四二（昭和一七）年六月二四日に、虎姫国民学校において徴兵検査を受け、甲種合格をした。大郷村のその年の受検人員は六一名だった。「甲種二〇名、第一乙種二〇名、第二乙種一四名、第三乙種五名、丙種二名」という記録が残っている。

「昭和十七年徴集現役兵」に選ばれた與三郎さんは、翌年一月一〇日午前九時に、京都市伏見区深草藤ノ森にあった歩兵第九連隊本部に入営した。「昭和十七年徴集現役兵」の名簿によると、大郷村からの同期の現役兵として同じ部隊に、與三郎さんのほかに五人が入営している。みんな歩兵である。

この名簿には、合計三八人の氏名が載っており、そのなかには第二章に登場した、同じ「昭和十七年徴集現役兵」で中国戦線に赴いた大橋久雄さんの名もある。

大郷村長から各団体長・区長宛て「入営兵出発ニ関スル件」（昭和一八年一月四日付け）によると、入営日前日の一月九日、與三郎さんは「長浜駅十一時四十七分発」の列車に乗って京都に向かった。そのとき大郷村から同じ列車で出征した現役兵は全部で八人だった。

「当時、兵役は戦地に行っても三年で一応満期除隊とのことでしたので、兄は「お母、保男、三年経ったら必ず帰ってきて、がんばるから、それまで無理をせんように」と言い残して兵隊に行ったのです」

與三郎さんが伏見の連隊本部で初年兵教育を受けているときに、保男さんは一度だけ面会に行った。

「面会日が決められていて、面会者も多かったです。兄とは、練兵場の植え込みのところに座って、家から持っていった食べ物を食べながら話しました。兄は元気そうでした。近くを上官が通ると、急に立ち上がって敬礼をしていました。そのきびきびした動作に、兵隊になったんだなと感じたものです。面会には汽車に乗ってゆきましたが、朝早く家を出て、帰ったのは夜でした。一日がかりなので、年老いた母には無理で、結局、母は面会にいけませんでした」

当時、病み上がりでまだ体が十分回復していなかった保男さんにとって、この面会が與三郎さんと会う最後の機会となった。

戦地からの手紙

「兄が出征してから、家では兄のために陰膳を据えていました。ご飯のときに、膳に写真を置いて、その日その日のおつゆ、大根など野菜の煮物、つけものなどのおかずを同じように乗せて。いつも家族が一緒に食べているという気持ちでいました。厳しい戦地に行っているので、ひもじい目にあわんように、元気でいるように、無事に帰ってきますようにという願いをこめていたんです。続けるうちに、写真がだんだん湯気でふやけて変色してゆきました」

　與三郎さんの所属する部隊がフィリピン戦線に送られたことを、保男さんら家族は與三郎さんからの手紙で知った。

「フィリピンから軍事郵便で届いた兄の手紙には、「マンゴーがうまい、マンゴーがうまい」と書かれていました」

　保男さんは、フィリピンから與三郎さんが送ってきた一通の手紙を見せてくれた。薄青い色の便箋に鉛筆書きの文字が綴られている。便箋の左下隅には、フィリピンの農村の絵が印刷されている。なお、文中に「比島」とあるのは、フィリピンのことである。

　毎度の御無沙汰申し訳有りません。

　皆元気で何より、小生も元気だ。安心して呉(く)れ。

　今、小生も幹部候補生教育の為教育隊に居る。

　昨日、卯エ門の前田正義君や中川久之君と面会した。前田君付中隊は大分遠いが、一寸(ちょっと)病気して入室して居られるのです。脚気(かっけ)だ。大した事はない。前田君も一等兵に進級されたよ。中川久之は本部に居る。やはり進級して居ない。可哀相だ。外の者は全部上ト〔ウ〕兵に進級して居るからね。

写真、有難度(ありがとう)。家族全部のと一寸遅れて頂いた。良く写って居ましたね。元気で結構、結構。兄さんも写真を送りたいけれど写す所がない。仕方ないね。しかし元気だから安心して呉れ。長浜の中川健、安養寺の伊藤千秋も元気だ。宜敷(よろし)く伝えてやって呉れ。

今年はお父さんの七年（七回忌）だね。思い出しては故郷を拝して居ります。決して忘れては居りません。金銭でも送って供養の足しでもと思うけれど送る事が出来ない。悪しからず。

貯金は大分貯めたよ、一五〇円程だけどね。

内地も相当に変わったね。藤平の御目出度(おめでた)、中川春子さんとね。又、福本治一氏の御目出度は如何。五郎七の凶事は如何。詳しい事を知らせて呉れ。藤平、秀治郎さんに宜敷く兄より御目出度と言って置いて呉れ。

キヨエの学校の成績は如何でしたかね。

此の頃は御地も相当暑く、ぼつぼつ少田針塚の「ぬり付け」がはじまりましょう。御苦労です。

たくさんの田を一人してやったとは驚いたね。まあまあ無理をしない様にね。何に付けても体が大切だからね。『えらかったら』人に頼む様にせよ。やり損じては駄目だからね。

比島は、此の頃非常に気候も良く、大変体が持ち良い。甚だ楽です。新居の笠原耕一郎君が負傷して入院して居る。しかし大した事はなかろうと思う。遠く離れた所であるから判らない。安心する様お前から宜敷く伝えて呉れ。大変心配して居られるそうだがね。

平太郎君とは此の頃「てんで」音信不通だ。部隊が変わったそうだね。秀雄君は征途に付いたかね。又何に付けても川道に変わった事があったら、詳しく知らせて呉れ。今度、垣部隊が威(タケ)部隊と変更されたから一寸お知らせして置きます。宛は比島派遣第六五五五部隊中村隊だ。各親類やトナリ組、御村の方へ宜敷く伝えて呉れ。では、今日はこれにて失礼。保男は何分にも体を大切にして無理をしない様に、ぼつぼつやれ。

西尾與三郎

西尾保男殿

追伸
新居の笠原耕一郎君も退院して帰って来た。一寸伝えてやって呉れ、元気で居るから。

中川久之、前田正義、笠原と皆んな会った。皆元気だ。

故郷と家族への思い

この手紙で與三郎さんは、自分は元気なので安心するよう伝えてから、同じ大郷村出身でフィリピン戦線にいる戦友たちの消息を知らせている。前田正義さんは與三郎さんより一年後の「昭和十八年徴集現役兵」。中川久之さんと笠原耕一郎さんは與三郎さんと同期の「昭和十七年徴集現役兵」で、入営日も同じだった。

旧大郷村の現在の風景

與三郎さんは家族の写真を同封した手紙を受け取った喜びを表し、「今年はお父さんの七年（七回忌）だね」と、遠く故郷と父を偲んでいる。郷里の家族や親戚、友人、知人の様子、農作業の進み具合などが気にかかるのだろう、「変わった事があったら、詳しく知らせて呉れ」と頼んでいる。

そして、「たくさんの田を一人してやったとは驚いた

に頼む様にせよ。やり損じては駄目だからね」と、保男さんにやさしく語りかけている。父親を亡くし、代わりに一家を支えてきた兄からの、野良仕事に精を出しながら母と妹とともに留守を守る弟へのいたわりと励ましがこもっている。「保男は何分にも体を大切にして無理をしない様に、ぼつぼつやれ」とあるのは、体が弱かった保男さんへのこまやかな心遣いからだ。

便箋にはフィリピンの農村の絵が載っている。川が流れ、土手があり、その向こうに水田が広がっている。そばには、木と竹で造った高床式の家が建ち、バナナ畑がある。彼方には椰子の林。朝日が昇り、雲がたなびいている。風に草そよぐ土手を、少年が水牛を引いて歩いている。水牛の手綱を持つその少年は兄で、水牛の背に乗った小さな子は弟だろうか。川には、漁網を積んだカヌーが浮かび、父か母かが漕いでいる。姉と弟らしき子ども二人が乗っている。

その絵には、大郷村の、田んぼが広がり、水路が延びる田園風景を思わせるものがある。大郷村では当時、水田の鋤き起こしなど農耕に牛を使い、用水路や泥の深い田では田舟(田植えや稲刈りのときに苗や稲束を運ぶ平底の小舟。人は乗らなかった)を用いていたという。

與三郎さんがその絵に故郷の風景を重ね合わせて、便箋を選んだのか、それとも偶然だったのかはわからない。ただ、與三郎さんがその絵を目にしながら手紙を書いていたとき、言い知れぬ郷愁の念が湧いてきたのではなかったろうか。

文中、「比島派遣第六五五五部隊中村隊」とあるが、與三郎さんが所属したこの部隊は、フィリピンに派遣された第三五軍の第一六師団（通称号「垣」）歩兵第二〇連隊（垣六五五五）第一大隊第三中隊のことである。中隊長が中村明夫中尉だったことから、中村隊と呼ばれた。『レイテ戦記』（大岡昇平、中央公論社、一九七一年）中の「レイテ島作戦陸軍部隊編成表」から、そのことがわかる。第二〇連隊は京都府の福知山に連隊本部があった。

與三郎さんのいた部隊は、一九四四（昭和一九）年一〇月二〇日にレイテ島に上陸したアメリカ軍を迎え撃つ、レイテ決戦に参加したのだった。

兄の戦死を信じられない

この手紙には日付けがない。與三郎さんが書き忘れたのか、検閲のある軍事郵便なので、防諜上の理由から日付けを書けなかったのかはわからない。ただ、保男さんが受け取った與三郎さんのフィリピンからの手紙には、すべて日付けがない。やはり当時、防諜上の理由から日付けが書けなかったものと思われる。

当時、保男さんは與三郎さんからの手紙が届くと、受け取った日付けを便箋に記すようにしていた。この手紙を受け取ったのは、「昭和19年11月16日」である。そして結果的に、それが與三郎さんからの最後の手紙となった。

一九四五（昭和二〇）年八月の敗戦後も、與三郎さんの消息は知れなかった。生きているのか死んでいるのかもわからなかった。しかし、戦死公報は届かなかったので、保男さんら家族は與三郎さんの無事を願い、信じ、帰りを待ちわびていた。

消息不明だった與三郎さんの戦死がわかったのは、敗戦後二年目の夏である。昭和二二年七月一〇日付けで、滋賀県知事から大郷村役場を経て西尾保男さん宛てに届いた「死亡告知書」には、與三郎さんの氏名・住所が書かれ、こう記されていた。

「右、昭和十九年一〇月二三日、比島レイテ島パロ方面の戦闘に於いて戦死せられましたからご通知申し上げます」

死亡した当時、與三郎さんは二二歳だった。戦死者は二階級特進の慣例にならったらしく、與三郎さんの名前の上に「陸軍伍長」と階級名が書かれている。

與三郎さんからの最後の手紙を受け取ったのが、昭和一九年一一月一六日だったから、「死亡告知書」の記載を信じるならば、保男さんのもとに最後の手紙が届いたときには、すでに與三郎さんは亡くなっていたことになる。

「レイテ島に行っていたことは、それまで知りませんでした。当時、レイテ島は日米両軍の激戦地だったので戦死者も多く、消息不明なら生存の可能性はまずないといわれていました。一平方メートル当たり砲弾一発が落ちたといわれていたほどの激戦地でしたから。

でも、兄は帰ってくるだろうと信じていました。死んでいるはずがない、と……」

　やがて国から届いた白木の箱には、位牌のかたちをした木札が入っているだけだった。木札には「西尾與三郎之霊」と書かれていた。箱が揺れるときに、かたかた音がした。白木の箱を誰が届けにきたのか、保男さんは記憶にないという。

「私もまだ若かったから、白木の箱、遺骨も入っていない「骨箱」も、なんだこんなもの、という思いもありました。軍隊に対する反発というか、それよりももっと大きなものに対する反発、戦争に対する反発でしょうね」

　白木の箱は、何年か経ってから、村の火葬場で焼いた。保男さんはいまでも、「兄がフィリピンのどこかで生きているのではないか」という思いを捨てきれないでいる。

「死んでいるとはいまだに思えないんです。これは消しがたくて、滋賀県からの告知書だけでは信じられないし、遺骨もありません。ただ自分自身に嘘をついて、戦死したと信じ込ませているだけだともいえます。兄はどこかで生きているんじゃないかと、いまでも思うんです。国がいいかげんな調査をしたとかいう気持ちではありませんが、やはりこの目で死んだということを見ていない。山の中に入って生きながらえた人もわずかながらいたんじゃないか、と考えたりするし、やっぱり、いつかきっと帰ってくるという気持ち、なんですね……」

　戦後、何十年経っても、保男さんの心の底には、兄の死を受け入れられないものがある。

村の戦没者名簿

西邑仁平さんは戦後、密かに残した兵事書類を元に大郷村の戦没者名簿をつくった。そこには地区別に、二七二人の氏名、年齢、部隊名、戦死・戦病死の年月日と場所、遺族名が書かれている。日露戦争での戦没者が一〇人、満州事変から日中戦争とアジア・太平洋戦争までを含むいわゆる「十五年戦争」での戦没者が二六二人である。

それは、西邑さんが「どうしても書き残しておきたかった」ものだ。そのなかには、自分の手で赤紙を渡した人もいる。入隊するときに引率していった人もいる。

「大郷村の戦没者名簿は、戦後、役場を退職したあと、隠し持っていた書類を調べてつくったんです。どうしても書き残しておかなければいけないと思ったからです。出征した人たちのことはよく覚えているし、亡くなった人のことを思い出します。いまも戦争のことばかり頭に浮かんできて、当時の夢を見ることもあります」

そしてときには、「眠れぬ夜もある」という。

そうした心境を西邑さんは次のように述べている。

「老人になると、「昔のことばかりを思い出す」と言われますが、超老人の私も例に漏れず、今でも毎日、「苦しかった、悲しかった、怖かった」と、あの戦争中の出来事ばかりが脳裏を駆けめぐり、いろんな人や事柄が入れ替わり立ち替わり、現れては消えていきます。「昼夜を厭わず一生懸命になってやってきたと思う兵事の仕事の結果は一体何だったのか、何のためにしてきたのか」と自問し続け、答えの見つからないまま無常にも、今年もまた八月十五日の終戦記念日がやってきます」（『滋賀夕刊』二〇〇八年八月一三日）

　大郷村の戦没者名簿には、寺田家の次男實さん、三男衛さん、五男昇さんの名前も載っている。西尾與三郎さんの名前もある。與三郎さんの最後の手紙に出てきた、同年代の戦友の前田正義さん、中川久之さん、笠原耕一郎さんの名前もある。みんな與三郎さんと同じレイテ島で、それぞれ一九四四（昭和一九）年一〇月二一日、同年一二月一八日、同年一一月一七日に戦死している。與三郎さんの戦死と同じ頃だ。

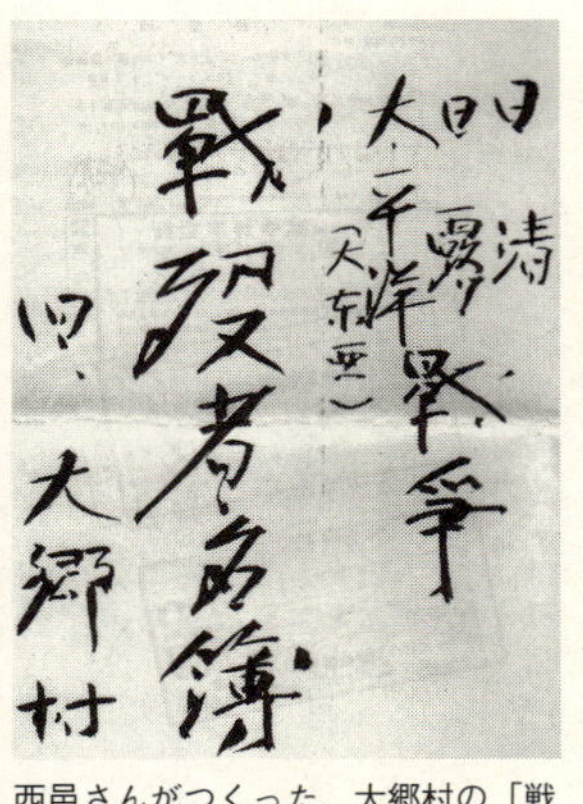

西邑さんがつくった、大郷村の「戦没者名簿」

　その戦没者名簿によると、與三郎さんと同期の「昭和十七年徴集現役兵」三八人のうち、與三郎さんら七人がレイテ島で戦死した。ほかにも、フィリピン各地で三人、マリアナ諸島で二人、パラワン諸島で一人、ビスマルク群島沖で一人、東シナ海で一人、中国で一人、亡くなっている。そのうち中国の上海で戦病死した一人は、やはり「昭和十七年徴集現役兵」だった大橋久雄さんと同じ日に入営した人だ。

出征した四人兄弟のうち二人が亡くなった河瀬家の、フィリピン・ルソン島で戦死した次男木村敬三さん、中国旅順の陸軍病院で戦病死した三男河瀬捨治郎さんの名前も載っている。

上海事変で捕虜になった末に自刃した西尾甚六さんの名前もある。

海軍志願兵になった室庄衛さんら七人の同期志願兵のうち、北太平洋、南洋方面、フィリピン東方洋上でそれぞれ戦死した三人の名前も載っている。同期ではないが、やはり海軍に志願した同級生で、フィリピンとサイパンで戦死した二人の名前と横須賀で亡くなった一人の名前もある。

第五章で述べた、「在郷軍人職業特有ノ技能調査」の「報告書」に書かれていた予備役一八人（山下ユキさんの兄勇太郎さんも含まれていた）のうち、四人の名前が戦没者名簿に載っている。ビロード製造の仕事をしていた一人がレイテ島で、菓子商だった一人がルソン島で、農業をしていた二人がビルマで亡くなっている。

また、第一章で「徴兵適齢届」から徴兵検査、現役兵の一覧表などについて例に挙げた、「昭和十六年徴集現役兵」六三人のうち、二八人の名前が戦没者名簿に載っている。激戦地だったレイテ島での戦死が八人と最も多く、さらにフィリピン各地で四人、ビルマで三人、沖縄で四人、中国で四人、インド・アッサム州で二人、マーシャル群島で一人、パラワン諸島で一人、敦賀陸軍病院で一人と記されている。同じときに徴兵検査を受けた若者たちの生死はどこで、どのように分かれたのだろうか。

名簿の戦没者たちが戦死・戦病死した場所をたどってゆくと、ソ満国境、長春、河北省、河南省、江蘇省、南京、上海、湖北省、湖南省、広東省、雲南省、海南島、ビルマ、インド・アッサム州、タイ、ルソン島、レイテ島、ニューギニア、ソロモン群島、マリアナ諸島、サイパン島、グアム島、マーシャル群島、ギルバート諸島、東シナ海、台湾近海、沖縄近海、沖縄、広島、敦賀陸軍病院、金沢陸軍病院、小倉陸軍病院など、アジア・太平洋の広大な範囲にわたっている。

赤紙一枚で、現役兵証書一枚で、国家は国民に家郷を離れて戦場に赴くことを強いた。動員・召集の仕組みは極秘とされ、膨大な兵事書類の秘密の壁の向こうから突然やって来るのが赤紙だった。

それら膨大な集積が、あまたの出征兵士たちの死と傷と飢餓と病を生み出し、この国の家郷に幾多の悲しみ苦しみを残した。また他国を侵し、他国の人びとの家郷を戦火に巻き込み、蹂躙（じゅうりん）し、おびただしい死と傷と痛みをもたらした。

兵事書類と関係者の証言を通して、戦争を国策の中心に据えた昭和戦前・戦中期の日本の姿が浮かび上がった。そして、巨大な鉄の箍（たが）のようなシステムの姿が見えてきた。国家が個人を掌握し、個人が国家に自己同一化の念を抱き、一色に過熱した時代の空気に国民も地域社会も染まり、国民・住民相互の同調圧力が働く時の怖さを感じた。

しかし、本当にそれはもう過去の話なのだろうか。国家機関の度重なる情報隠蔽にも見られるように、国家の秘密主義の体質は、戦後も決して変わってはいない。自衛隊は自衛官募集ダイレクトメールのために、高校三年生など募集適齢者の氏名・住所・生年月日・性別を、全国の市（区）町村の住民基本台帳から収集している。自治体のなかには、さらに健康状態や保護者名までも含む募集適齢者名簿を、自衛隊に提供していたところもある。私の目には、自衛官募集適齢者名簿と兵事書類の「徴兵適齢届」や「壮丁連名簿」が、重なって見えて仕方ない。また、自衛隊情報保全隊による市民監視など密かな個人情報収集の事実もある。国民を掌握する不可視の箍はいまなおあり、いつかその姿かたちを拡げて現れるかもしれないという恐れを、私は覚える。

あの時代、赤紙が、現役兵証書が、志願兵採用証書が届いたのは、大郷村だけではなかった。軍歌と日の丸の旗と万歳の声で男たちを送り出したのも、大郷村だけではなかった。国防献金や慰問袋や武運長久祈願祭など銃後の護りを固めたのも、大郷村だけではなかった。戦死の内報、戦死公報が届き、戦没者名簿がつくられたのも、大郷村だけではなかった。日本のどこの市や町や村にも兵事係がいて、兵事書類があったように、同様のことがどこの市や町や村でも起きていた。

西邑仁平さんは語り終えて、「戦争が終わり、兵事係がなくなって、ほーっとしたなぁ……」と大きな息をつき、肩の荷をおろす仕種をした。兵事書類について沈黙を通しながら、独り戦没者名簿を綴った西邑さんの戦後は、死者たちとともにあったといえる。

日本全国の市町村から兵事係という職務が消えて、今年（二〇一一年）で六六年になる。

あとがきに代えて——白骨街道と赤紙

I

西邑仁平さんが書き残した大郷村「戦没者名簿」の、戦死・戦病死の場所を記す欄に「ビルマ」という文字を見つけるたびに、思わず目が釘づけになった。なぜならビルマ（ミャンマー）は、かつて私が何度も訪れた国で、長いときには四年近く（一九八五年〜八八年）、北部のカチン州と東北部のシャン州やカヤ州の山野を歩いて巡り、アジア・太平洋戦争の歴史の傷痕にもふれていたからだ。

四〇以上の民族が住む多民族国家ビルマでは、一九四八年のイギリス植民地からの独立以来、多数民族であるビルマ人優位の中央集権支配を強いる政府に対して、自治権を求める少数民族の組織がゲリラ戦による抵抗を続けてきた。それに対して軍事政権は、ゲリラを支持する村を焼き討ちし、住民を殺傷するなど弾圧をしてきた。

その少数民族の闘いと生活と文化と歴史に私は関心を抱き、隣国のタイから国境の山なみを越えて、かれらの住む土地、カチン州、シャン州、カヤ州を訪れた。山地で焼畑を営み、森の恵みに支えられて自給自足的な生活を送る村人の暮らしにふれた。森の精霊を祀って豊作を祈る稲作儀礼も目にした。少数民族のゲリラ部隊に同行して、ビルマ政府軍との戦闘も目撃した。政府軍機に村を爆撃され、家族を殺された遺族の話も聞いた。

そこはまた、アジア・太平洋戦争中に日本軍とイギリス軍・アメリカ軍・中国軍の連合軍が、激しい戦いを繰り広げた土地でもある。カチン語で、その戦争は「ジャパン・マジャン」（日本戦争）と呼ばれている。日本軍・日本人がやって来て起こした戦争だから、「日本戦争」と名づけられたのだ。東南アジアの奥地で、あの戦争を「日本戦争」と呼び、語り継いでいる人びとがいることに驚かされた。

「日本戦争（ジャパン・マジャン）では、あなたのお父さんやおじさんの世代の日本兵がたくさんやって来た。隊列を組んで早足で、あれよあれよという間にこの国を占領してしまったよ」

「日本語をいまでも覚えています。「キヲツケ！」、「バッカヤロッ！」。「ケンペータイ！」。どれも、いい言葉ではありませんね。言われたあとに、平手打ちや拳が飛んでくることもありました。軍用道路などの工事で強制的に働かされた私たちを、「クーリー」（苦力）と呼んでいました。そして、日本軍人を「マスター」と呼ばされました」

当時を知る年配のカチン人たちから、日本軍のふるまいについて何度も聞かされた。

「父親が日本軍の憲兵隊に、イギリス軍・アメリカ軍側のスパイだと疑われて捕らえられ、拷問された末に殺された。父はスパイではなかったのに……」とだけ話して、私の顔をじっと見つめる人もいた。

「村に日本軍の飛行機から爆弾を落とされた」と、そのときの不発弾の一部である鉄塊を見せられたこともある。村人は森に逃げ込んで危うく難を逃れたというが、「いったい、どうしてこんな山奥の小さな村にまで爆弾を落としたりしたんでしょうか」と、物静かな口調で聞かれた。そして、質問が重ねられた。

「私たちは、ヒロシマ、ナガサキに原爆が落とされて多くの人たちが死んだこと、いまも放射能による病気で苦しむ人がいることを知っています。日本人は、カチン州の小さな山の村に日本軍が爆弾を落としたことを知っているでしょうか」

私は「日本戦争」という言葉も、日本軍がカチン州の小さな山の村を空爆したことも知らなかった。何と答えればいいのか、言葉が出てこなかった。

2

ビルマで日本軍による加害としてよく知られるのは、泰緬鉄道の建設工事における強制労働である。泰緬鉄道は、アジア・太平洋戦争でビルマを占領した日本軍が、兵員や物資の輸送のために建設した。タイのノンプラドックとビルマ南部のタンビザヤを結ぶ約四一五キロの鉄道で、一九四二年六月に着工し、翌年一〇月に完成する突貫工事だった。

建設工事に従事した人数には諸説あり、確定はできないが、日本軍約一万人から約一万五〇〇〇人、イギリスやオランダやオーストラリアなど連合軍捕虜約五万五〇〇〇人から約六万二〇〇〇人、ビルマ・マラヤ・ジャワ・スマトラなどから徴用されたアジア人労働者十数万人から二十数万人と推定されている。

熱帯の山岳密林地帯での突貫工事は困難を極めた。日本軍は連合軍捕虜とアジア人労働者を酷使し、虐待した。宿舎も食糧も劣悪だった。マラリア、コレラ、アメーバ赤痢などに罹る者が続出したが、治療もろくに施されなかった。

その結果、死者の数には諸説あり、確定はできないが、連合軍捕虜約一万三〇〇〇人から約一万六〇〇〇人、アジア人労働者約三万人から約九万人が命を落としたと推定されている。ビルマでは、泰緬鉄道の建設に駆り集められた労働者は「汗の兵隊」と呼ばれた。日本軍側も約一〇〇〇人がマラリアなどで死亡したといわれる。

このようにビルマには日本軍による戦争の爪痕が残されていた。そしてまた、ビルマでは多くの日本兵が命を落とした。かれらは日本各地の各々の故郷から、赤紙（召集令状）や現役兵証書といった一片の書類で軍隊に入れられ、異国の戦場に送り込まれた。

私はビルマ北部と東北部の山野を少数民族のゲリラ部隊とともに行くとき、四〇年あまり前に日本軍部隊が歩いたという道を幾度も通った。この道を日本の兵士たちはどんな足どりで、どのような思いで辿ったのだろうかと考えた。

カチン州西部のフーコン平野の樹海で、圧倒的な砲爆撃を集中する連合軍の猛攻に日本軍は耐え、死闘を挑み、敗れた。樹海の有るか無きかの小道を抜けて、かろうじて生き残った日本兵たちは、その地を「死の谷」と呼んだ。カチン州の州都ミッチーナ（日本軍はミイトキーナと呼んだ）守備隊が、十数倍の兵力の連合軍に包囲され、およそ八〇日間を戦い抜いて壊滅した後、わずかな脱出部隊が必死に南下したのは、イラワジ河東岸、中国雲南省との国境地帯の山野を縫う細道だった。

そして、ビルマからタイへ敗残の日本兵たちが飢えとマラリアや赤痢に苦しみながら、足を引きずっていった山岳地帯の密林の道は、「白骨街道」と呼ばれた。力尽きた兵士たちが次々と倒れ、息絶え、「草むす屍」となった惨状から付けられた名である。からくも生き延びた者たちが、そう名づけた。いまなお多くの遺骨が密林に置き去りにされたままだ。

ビルマの雨季の雨は凄まじい。道は泥濘と化し、川には濁流があふれる。私も現地で何度もマラリアに罹った。マラリアの高熱や嘔吐に痛めつけられた身には、山道での一歩がなんと重たく、苦しいことか。いったいこれで日本に帰れるのだろうかという不安も、息絶えだえに鉛のような足を運ぶうちに朦朧としてきて、もうどうなってもいいから道端の草むらに身を投げ出して、ただただ眠りたいと、死の影の惑いにとらわれたことも一度ではなかった。

しかし、かつて「白骨街道」をさまよった日本兵たちにとって、状況はもっと絶望的だったにちがいない。

3

「白骨街道」といえば、インパール作戦で敗れた日本軍が、インド・ビルマ国境の山脈を越えてチンドウィン河西岸の低地を退却中、無数の屍をさらした道も、そう呼ばれている。

一九四四（昭和一九）年三月に開始されたインパール作戦は、ビルマとインドの国境にそびえる山脈を越えて、インド東北部の要衝インパールを攻略しようとしたものだ。しかし、装備も補給も極端に足りない無謀な作戦で、日本軍はインパールに到達できなかった。雨季に入ると、世界有数の多雨地帯であるその地には雨が降りしきり、道は泥田のようにぬかるんだ。私は以前、インパール作戦生き残りの元日本兵に話を聞いたことがある。その人も赤紙一枚で召集され、戦地に送られたひとりだった。

「トラックの車輪が泥のなかで空回りして走れなくなりました。仕方なく、運搬用に牛を使ったんですが、胸まで泥につかって大変でした。一日に一キロくらいしか進めないこともありました。そのときの牛の訴えるような悲しい目が忘れられません」

物量で圧倒的に勝るイギリス・インド軍の反撃の前に、六月頃から日本軍は総崩れになり退却を始めた。密林、雨、泥濘、負傷、マラリア、赤痢、飢え……。山や野に倒れ果てる日本兵が相次いだ。

「服はボロボロだし、鉄砲も持たない兵隊が多くて、足を引きずって必死に歩くんですが、もう動けなくなって道ばたで呻いている者がたくさんいました……。食糧がないから、食べられる野草を見つけては飯盒で煮て食べました。水かさが増した川を渡るのも大変です。流されてしまう者もいました。川にワイヤーを張って竹かごに数人ずつ乗って、向こう岸の兵隊たちが引っ張ってやっと渡れるわけです。本当にひどかったですよ……。たくさんの兵隊たちが死んでいったんです」

大郷村「戦没者名簿」にも、インパール作戦で命を落とした人たちの名が記されている。戦死・戦病死の場所は、「インパール北方」「インパール作戦、印度国アッサム州」「印度国アッサム州」「印度国アッサム州サンジャック北方」「ビルマ国シッタン」などで、所属部隊はインパール作戦に投入された三つの師団のうちのひとつ、第一五師団(通称号「祭」)などである。

亡くなった日付けを見ると、昭和一九年六月から八月にかけてだ。インパール作戦での日本軍の敗走、退却の時期にあたる。戦死・戦病死した当時の年齢は、二三歳、二四歳、二四歳、二六歳、三〇歳、三五歳……と、青年から壮年にまでわたっている。独身の現役兵もいれば、妻子ある召集兵もいたにちがいない。かれら大郷村出身の兵士たちのなかにも、「白骨街道」で力尽き、息絶えた人がいたのではないか。その亡骸は文字通り白骨となって、いまも異境の土に草に埋もれているのだろうか。

一枚の赤紙が、一枚の現役兵証書が、男たちを遂には「白骨街道」にまで到らしめたことになる。天皇の名のもとに、国家の名のもとに。

4

なぜ、かくも多くの日本の男たちが、家族と共にいる生活の場から引き離されて、広大なアジア・太平洋の異国の戦場にまで赴かなければならなかったのだろうか。元々、個人的には何の対立関係もなかったはずの他国の男たちと、なぜ敵同士になって殺し合わなければならなかったのだろう。

なぜ、戦闘や飢えや病で命を落とさなければならなかったのか。どうして、「白骨街道」のような惨状に陥ってしまったのか。

また、どうして、現地の人びとをも殺傷し、食べ物を奪い、強制労働をさせ、苦しめることになってしまったのか。

私はビルマで、何度も考えさせられた。

男たちは、国家の命令によって戦場に送り込まれた。国家は「天皇陛下のため、お国のため」と「家族や同胞を守るため」を同一線上で意義づけて、男たちを鼓舞した。男たちの心にも、「天皇陛下のため、お国のため」という意識は、教育勅語や軍人勅諭や軍歌などを通じて根づいていた。国家はまた「大東亜共栄圏」という大義(実は虚構の大義であったが、当時の国民の多くは大義と信じていた）も掲げていた。銃後の国民も歓呼の声と旗の波で男たちを戦地に送り出していた。

いったいどのような仕組みで、日本の男たちは異国の戦場に送り込まれたのか。赤紙に象徴される徴兵制の仕組みをいつか知ってみたいと、私はビルマで思った。

それが、兵事係と兵事書類の存在を知って関心を抱き、本書を書こうとした出発点である。

本書の出版に至るまで、多くの皆様に大変お世話になりました。まことにありがとうございます。

取材では、西邑仁平さん、大橋久雄さん、西尾保男さん、河瀬勇さん、山下ユキさん（仮名）、室庄衛さん、中川利枝さん、川瀬悟さんに、歴史の証言ともいうべき貴重なお話をうかがいました。書類、日記、手紙など貴重な資料もご提供いただきました。あの戦争の時代を体験した当事者の方々にしか語れない、切実な言葉の数々に心動かされました。

その後、西邑仁平さんが二〇一〇年に一〇五歳で、河瀬勇さんが二〇〇九年に九四歳で、ご病気のためご逝去されました。お二人のご冥福を心よりお祈り申し上げます。

西邑仁平さんのご子息の西邑紘さん洋子さんご夫妻にも、取材に懇切にご協力いただきました。紘さんに本書の刊行が近づいたことを知らせると、お手紙をいただきました。そのなかに次のような一節があります。

「父は戦後、（兵事係の）仕事とはいえ戦中に自身が戦争の片棒を担ってきたのではないかと、その責任を悔悟しておりました。あの時、……そしてあの時、もう少し親身に出征軍人さんや、その家族の方々、また遺族の方々に心血をそそげばよかったのでは……と。臨終半年前でも、未だ戦争時の兵隊さんや家族の夢を見たと、たびたび朝食時に私や妻に吐露していました。私たちは、「おじいちゃん、もう、とっくに戦争は終わったやから、もう戦争のことは忘れて」と宥めていましたが、未だに戦争のことを思い続けている父が可哀相になったこともしばしばありました。父の心の中では、戦争はまだ終わっていなかったのです」

また、兵事書類を密かに残した理由を、仁平さんはこう話していたといいます。

「永年、村役場で兵事係として携わり作成した膨大な書類群を焼却してしまっては、何の思いで、苦しい、そして悲しい戦争を村人たちと共に生き抜いてきたのか意味がなくなると気づいたからだ、と」

本書の刊行について、紘さんから次のような過分なお言葉もいただき、恐縮しています。

「戦後六十有余年隠し続けた兵事資料を公開するにいたった、二〇〇七年当時の父仁平の思い。「戦争とは悲しい、虚しいもんや、日本はなんで、あんなアホな戦争をしたのか。二度と戦争はあかん。悲しみだけが残る……」と述懐し続け、日本の十五年戦争の渦中におかれた、滋賀県の北の片隅の大郷村という村の戦争の歴史と、戦争によって多くの村人たちが翻弄され、尊い命を散華されねばならなかった事実を公開することで、兵事資料が現在の平和な日本が恒久に続くための「物言わぬ証言者」となりうることを念じた、その父の思いがかないます」

河瀬勇さんのご子息の河瀬勇一さん、山下ユキさん（仮名）のご夫君、中川利枝さんのご子息の中川彰さん、浅井歴史民俗資料館の冨岡有美子さんと野瀬富久子さんにも、取材に懇切にご協力いただきました。

本書は書き下ろしですが、このテーマについて最初に発表し、本書の元になったのは、月刊『現代』二〇〇八年一月号（講談社）の記事、「103歳「赤紙配達員」の述懐」です。当時の『現代』編集長の高橋明男さん、編集部員の片寄太一郎さんには、ご理解とご支援をいただきました。その記事の取材では、東海大学教授の山本和重さんにも貴重なお話をうかがい、ご論文もいただきました。

テレビ番組「最後の赤紙配達人」（TBS系）制作スタッフのTBSの金富隆さんにも、示唆に富むご助言をいただきました。

彩流社の出口綾子さんには、本書のテーマに強いご関心・問題意識を持っていただき、的確なご助言をはじめとして、編集にご尽力いただきました。

あらためて皆様に心より感謝申し上げます。

二〇一一年六月一一日

吉田敏浩

文庫版あとがき

第八章の末尾で、「日本全国の市町村から兵事係という職務が消えて、今年（二〇一一年）で六六年になる」と記してから、一三年が経ち、兵事係の消滅から七九年が過ぎた。すなわち戦後も七九年を数える。

アジア・太平洋戦争の敗戦直後、アメリカを中心とする連合国による占領下、「ポツダム宣言」と「降伏文書」にもとづき、ダグラス・マッカーサー連合国最高司令官は日本の非軍事化、民主化、占領軍（実質的には米軍）の基地使用など、占領政策の遂行のため数々の命令を、「指令」や「覚書」などの形式で発した。日本政府はそれらの命令に従わねばならず、緊急勅令「ポツダム宣言ノ受諾ニ伴ヒ発スル命令ニ関スル件」を一九四五（昭和二〇）年九月二〇日に制定した。

それにもとづき、一九四五年一一月一六日に勅令「兵役法廃止等ニ関スル件」（いわゆる「ポツダム勅令」のひとつ）が制定され、兵役法は廃止された。徴兵制もなくなり、そして兵事係もなくなった。

以後、この国に兵事係は存在しない。しかし現在、第八章の最後のところで少しふれたように、自衛隊は毎年、その年度に高校卒業年齢の一八歳や大学卒業年齢の二二歳になる若い男女に、自衛官募集のダイレクトメールを発送するため、全国各地の自治体から提供された若者の名簿を用いている。防衛大臣から市区町村長あてに名簿提供を依頼する文書が送られ、市区町村の職員が一八歳や二二歳になる若者の氏名・住所・生年月日・性別という個人情報を、本人の知らぬ間に住民基本台帳から抜き出し、名簿（電子・紙媒体）にして自衛隊に提供しているのである。いまや全国の市区町村の六割以上が名簿を提供している。

このような状況に、かつての兵事係の歴史がオーバーラップしてくる。自衛官募集の適齢者にあたる若者の個人情報を住民基本台帳から抜き出し、名簿にして自衛隊に提供する業務は、兵事係が戸籍と「徴兵適齢届」をもとに徴兵適齢の若者の名簿「壮丁連名簿」を作成し、軍に提出していたことを思わせる。自治体が自衛隊の下請け機関的な役割を担うことで、現代版「兵事係」復活の危険性が頭をもたげていはしないだろうか。

二〇二二年一二月一六日、岸田文雄政権（当時）は「安保三文書」（「国家安全保障戦略」「国家防衛戦略」「防衛力整備計画」）を閣議決定し、敵基地攻撃能力を持つ長射程ミサイルの配備を柱とする大軍拡、軍事費（防衛費）倍増を進めてきた。

「国家安全保障戦略」は自衛隊の戦力増強のため「人的基盤の強化」も掲げ、「防衛力整備計画」で「少子化による募集対象人口の減少という厳しい採用環境の中で優秀な人材を安定的に確保する」ために、自衛隊と自治体の連携強化を挙げている。その背景には入隊希望者が激減している現状がある。二〇二三年度の「自衛官等の応募者数」は六万三六八八人で、前年度より一万一二五九人も減った。二〇一二年度の応募者数一一万四二五〇人と比べてほぼ半減している。

根本的な要因としては日本社会の少子化、若年人口の減少があるが、それに加えて、集団的自衛権の行使容認、安保法制による自衛隊の海外もふくむ任務の拡大、米軍との共同訓練・演習の増加と強化、「安保三文書」による大軍拡、台湾有事を煽る日米両政府の動きなどから、自衛隊員が実際に戦場に送られ、戦死するかもしれないリスクが高まり、不安を抱く若者とその家族が少なからずいるであろうことも影響しているはずだ。「新しい戦前」という言葉も口の端に上るようになった。

政府はこれまで、徴兵制は日本国憲法第一八条の禁じる「意に反する苦役」にあたるので、その導入はありえないという国会答弁を繰り返してきた。しかし、仮に自民党の「四項目改憲案」(二〇一八年)の、憲法第九条への自衛隊明記の改憲がなされた場合、自衛隊は国会や内閣や裁判所と同じような高度の公共性を持つ存在として憲法上に位置づけられ、徴兵制も「意に反する苦役」ではなくて、徴兵制の導入もありうると、政府は閣議決定などで強引に解釈変更をしないともかぎらない。まして自民党の「日本国憲法改正草案」(二〇一二年)のように、自衛隊を国防軍化する改憲がなされたら、そのおそれはさらに高まる。

自治体による自衛隊への若者名簿の提供に対して、「本人の同意なしの名簿提供は個人情報保護に反するプライバシー侵害だ」、「自治体を戦前のような戦時の動員体制に組み込む動きで見過ごせない」、「新たな徴兵制にもつながりかねない」などの批判と懸念から、各地で市民団体などによる名簿提供反対の運動もひろがってきている。

徴兵制があった戦前・戦中、地方行政機関は国家の手足となって兵事事務を忠実に遂行し、地元の若者たちを戦場に送り出した。その負の歴史に対する反省から、戦後は徴兵制もなくなり、日本国憲法のもと地方自治も保障され、自治体は政府と対等で、政府の下請け機関であってはならないとされてきた。つまり兵事係の再来を許してはならないということである。

国家が人びとの生死を左右する時代を、けっして繰り返してほしくない――。それは、元兵事係の西邑仁平さんをはじめ、徴兵制のもとに生き、そして戦争をくぐり抜けた末に、戦後を生きてきた人たちの多くが望んだことにちがいない。この国が「新しい戦前」と化してしまうことなく、この先も兵事係のような職務が存在しない戦後という年月を重ねていくことを願ってやまない。

このたび拙著『赤紙と徴兵』がちくま学芸文庫に収録されることで、新たな読者の目にふれる機会が増え、ありがたい限りです。

取材にご協力いただいた皆様にあらためて厚くお礼を申し上げます。その後、亡くなられた方々のご冥福を心よりお祈り申し上げます。

文庫化に際して、彩流社の出口綾子氏、筑摩書房の田所健太郎氏にはたいへんお世話になりました。まことにありがとうございます。

このたび懇切な解説をお書きくださった、日本近現代史・軍事史がご専門の吉田裕氏にも厚くお礼を申し上げます。

二〇二四年九月二四日

吉田敏浩

解説

吉田　裕

本書は、旧・東浅井郡大郷村（現・滋賀県長浜市）に残されていた兵事書類の徹底した分析と元兵事係の西邑仁平さんからの丁寧な聞き取りによって、徴兵制の地域における実態を克明に明らかにした著作である。戦前の町村役場は、徴兵制の実施に関する業務、戦時における兵士の召集に関する業務、戦死者の家族に対する戦死公報の伝達、兵士の留守家族・遺族・傷痍（しょうい）軍人に対する援護業務など、膨大な量の軍事に関する行政事務を担っていた。そうした軍事行政事務に関連した公文書が兵事書類、軍事行政事務の責任者が兵事係である。

現在、この兵事書類をまとまった形で所蔵している地方自治体は、きわめて少ない。敗戦直後に、陸海軍の公文書の徹底的な焼却が行われたからである。陸軍の場合、ポツダム宣言の受諾決定直後に、参謀本部総務課長及び陸軍省高級副官が、陸軍の全部隊に機密書類の焼却を命じている。その結果、参謀本部と陸軍省があった市ヶ谷では、一九四五年八月一四日午後から一六日にかけて、「焚書の黒煙」が上がり続けた。そして、焼却命令は、市町村の兵事書類にまで及んだ。例えば、八月一八日、武蔵野警察署長は、東京連隊区司令官からの指示に基づき管下の各市町村長に、「召集、徴兵、点呼関係書類」を「一切速に焼却す」ることを命じている（吉田裕『現代歴史学と戦争責任』青木書店、一九九七年）。こうした焼却命令によって、全国のほとんどの市町村の兵事書類が灰燼に帰した。

しかし、焼却を免れたところもあった。一つは兵事係が命令に抗して、兵事書類を秘匿した町村である。富山県の旧・庄下村（現・砺波市）では、焼却命令に反発した兵事係の出分重信さんが、兵事書類を自宅に持ち帰って保管した。この庄下村については、出分さんの詳細な証言がある（黒田俊雄編『村と戦争――兵事係の証言』桂書房、一九八八年）。本書が分析の対象とした大郷村の場合も同様である。この村では、兵事係の西邑仁平さんが、リヤカーに兵事書類を積んで自宅に運び、物置に隠している。

また、市町村に対する焼却命令には、焼却を命じられた兵事書類の範囲が広く網羅的なものと狭く限定的なものとがあった。軍の側にも混乱があったようだが、後者の場合には、いくつかの自治体で、多数の兵事書類が焼却を免れ、村役場にそのまま残されることになった。村役場にかなりの兵事書類が残された事例としては、新潟県の旧・和田村、旧・高士村（現・上越市）がよく知られている。上越市は、その兵事書類をもとに、『上越市史別編7　兵事資料』（上越市、二〇〇〇年）を編纂している。兵事資料だけで独立した一巻を編纂することができたのは、自治体史としては非常に珍しい。

以上のような理由により焼却処分を免れ、まとまった量の兵事書類が残された自治体は、山本和重の調査によれば、長浜市も含めわずか二一自治体にすぎない（山本「村兵事書類小論――上伊那郡片桐村役場文書から」、『伊那路』第五四巻第八号、二〇一〇年）。大郷村の兵事書類が、きわめて貴重なものであることがわかる。

ここで、本書の意義と特徴について簡単にまとめておこう。第一には、戦時には多数の民衆を召集して大軍を編成する徴兵制、その地域における実態を克明に明らかにしたことがあげられる。特に、動員が発令され、一人一人の民衆に召集令状が交付されるまでの複雑な「仕組み」を、丁寧に解きほぐしているのが重要である。本書を通じて読者は、「天皇・参謀本部・陸軍省を頂点とし、全国市町村の兵事係を末端とする、ピラミッド型の動員・召集機構がやはり精密機械のように稼働し」（本書、一一一頁）ていることを実感できるだろう。徴兵制とは、日本社会全体に嵌められた、まさに「巨大な鉄の箍のようなシステム」（三三三頁）だった。

第二には、兵事係に焦点を合わせることによって、その巨大なシステムの軋みのようなものを浮き彫りにしていることである。兵事係は国家による権力行使の最末端に位置しているが、それは彼らが一般の民衆との間に直接の接点を持っていたことを意味する。したがって、兵事係の位置するところは、権力の行使と民衆の本音や苦悩が交差する場でもあった。息子が何人も召集されているある父親は、自分で捕った大きな鯉を持参して西邑宅を訪れ、「なんとか、もう自分の息子たちを召集しないでほしい」と頼み込んでいる（一五七頁)。兵事係が召集の人選をしているという誤解に基づく懇願だが、父親の切羽詰まった思いがひしひしと伝わってくるようだ。また、五人の息子が出征し三人が戦死したある父親は、不在の息子に代わって召集令状の交付をうけた時に、「また来ましたか」とうつむいて涙をこぼした。そして、三人目の戦死を伝えられた時は、「頭を畳にこすりつけてオーオーと泣いた」(七六頁、三〇一頁)。こうした事例を著者はいくつも紹介しているが、民衆に寄り添いながら、その苦悩や本音を掬(すく)い上げるという点で、著者の姿勢は一貫している。

第三には、国防献金の徴収、出動部隊の歓送、慰問袋の作成と発送、出征軍人の留守家族や遺族の慰問と労力奉仕、戦死者の村葬、等々、兵事係が関与した銃後の諸活動を追いながら、「村ぐるみ、地域ぐるみで戦争を支え」たことを明らかにしている点である。著者によれば、そうした「草の根の戦争支持があったから」こそ、徴兵制というシステムは機能したし、「上からのエネルギーと下からのエネルギーが合わさって」、戦争を遂行することができたのである(二四八~二四九頁)。さらに、本書の全体について言えることだが、徴兵制の実態や銃後の諸活動の解明にあたっては、兵事書類の分析や兵事係からの聞き取りだけでなく、大郷村出身の元兵士や住民への丁寧な取材が大きな力を発揮している。

次に、いくつか補足をしておきたい。一つは、兵事係が召集をめぐる不正行為に関与することがあったのか、という問題である。誰を召集するかを決め召集令状を作成するのは、連隊区司令部の専決事項である。事実、戦時下に連隊区司令部で召集をめぐる贈収賄事件がたびたび起こっている。例えば、召集を免れるために、連隊区司令部の職員に働きかけ、金品の提供と引き換えに「在郷軍人名簿」などからその人物の名簿を「抽出破棄」してもらうという不正行為である。大江志乃夫は、「召集事務の執行上不正が生じる余地は連隊区司令部にしかありえない」、「兵事係には不正の余地がなかった」と断じている（前掲『村と戦争』）。果たしてそうだろうか。連隊区司令部に提出する「在郷軍人名簿」に一人一人の在郷軍人（軍隊を離れ地域で生活している軍人、召集の対象者）の様々な個人情報を記入するのは、本書も指摘しているように、兵事係である。個人情報のうち不正に直接関係するのはその人物の健康状態だろう。健康状態の欄に、軍務に耐えられる健康状態にない旨の記入がなされるならば、その在郷軍人は召集を免れることになる。健康状態の判断には、「近隣の医師」の診断書を添える必要があったが、そこには情実が入り込む余地があったのではないだろうか。小澤眞人・NHK取材班『赤紙――男たちはこうして戦場へ送られた』（創元社、一九九七年）は、「在郷軍人名簿」の内容について詳しく説明したうえで、「健康状態を偽って、召集を免れようとした人も多くいたのではなかろうか」と指摘している。この点について、著者はあまり明示的なことは述べていない。安易な推測は避けるべきだ、ということだろうか。

もう一つは、国民兵の召集である（三〇八～三一一頁）。その実態に関しては、今でも不明の点が多いが、最近ようやく本格的な研究が出てきた。山本和重「アジア・太平洋戦争期における第二国民兵の召集――「根こそぎ」動員との関連で」（『東海大学紀要文学部』第一一四輯、二〇二三年）がそれである。

その分析を簡単に紹介すれば、兵役法では、戦時もしくは事変に際して、国民兵役にある者は必要に応じ召集しうるとされていた。しかし、実際には、国民兵役にある者は兵籍に編入されていないため、その召集は困難だった。特に、第二国民兵の場合、平時だけでなく戦時の召集を全く想定されていなかっただけでなく、召集のための法令や規則も存在しなかった。それが、兵力不足が深刻になる中で、一九四一年一一月一五日の兵役法施行令の改正によって、第一・第二国民兵も兵籍に編入され、必要に応じて随時召集することがようやく可能になった。そして、召集のための準備が進められ、アジア・太平洋戦争の中期からは、第二国民兵役の召集が本格化する。重要なことは、第二国民兵の召集が、兵役負担の公平化という国民の要求に応えるための施策という面を持っていたことである。兵二度も三度も召集される者がいる一方で、徴兵検査で丙種合格となった者（現役兵には適さないとされた者）は、直ちに第二国民兵役に編入され、召集されることのないまま兵役期間を終える。山本論文によれば、その不公平さに対する国民の批判が、政府をして第二国民兵の召集に踏み切らせた理由の一つだったのである。「犠牲の平等」を求める世論に、政府もある程度配慮せざるを得なかった点が興味深い。

以上、日本史研究者の立場から簡単な解説を試みた。本書の内容の理解に多少とも資することができれば幸いである。なお、大郷村の兵事書類は、現在、長浜市の浅井歴史民俗資料館で閲覧することができる。

（よしだ・ゆたか　一橋大学名誉教授）

主要参考資料

「大郷村兵事書類」
『兵役法関係法規』内閣印刷局発行　一九二七年
『兵役法詳解』中井良太郎著　織田書店　一九二八年
『軍事行政』池田純久著　常磐書房　一九三四年
『軍事法規』日高巳雄著　日本評論社　一九三八年
『湖郷の便り』滋賀県社寺兵事課・支那事変出動軍人遺家族援護会編・発行　一九三八年
『支那事変銃後後援誌』第一編　北海道庁編・発行　一九三八年
『軍事援護制度の実際』吉富滋著　山海堂出版部　一九三八年
『軍事援護事業概要』上平正治著　常磐書房　一九三九年
『昭和十六年　徴兵事務摘要』陸軍省発行　一九四二年
『大日本国防婦人会十年史』大日本国防婦人会総本部編　大日本国防婦人会十年史編纂事務所　一九四三年
『海軍志願兵』片柳忠男編　海軍省当局・横須賀海軍人事部指導監修　北原出版　一九四四年
『海軍志願兵読本』海軍省人事局監修　興亜日本社　一九四四年
『戦没農民兵士の手紙』岩手県農村文化懇談会編　岩波新書　一九六一年
「南京攻略記」佐々木到一著（『知られざる記録（昭和戦争文学全集別巻）』昭和戦争文学全集編集委員会編　集英社　一九六五年　所収）
『近代の戦争5　中国との戦い』今井武夫著　人物往来社　一九六六年

『海軍軍戦備（1）』防衛庁防衛研修所戦史室著　朝雲新聞社　一九六九年
『栄光への道　歩兵第九連隊（垣六五五四部隊）第三大隊第十一中隊戦史』田村栄著　私家版　一九七〇年（再版　二〇〇一年）
『吾等かく戦えり　比島における垣兵団』垣兵団生存者桃陵会編・発行　一九七一年
『レイテ戦記』大岡昇平著　中央公論社　一九七一年
『天皇陛下萬歳』上野英信著　筑摩書房　一九七一年
『徴兵準備はここまできている』林茂夫著　三一書房　一九七三年
『太平洋戦争』上・下　児島襄著　中公文庫　一九七四年
『支那事変陸軍作戦1　昭和十三年一月まで』防衛庁防衛研修所戦史室著　朝雲新聞社　一九七五年
『福知山聯隊史』聯隊史刊行会編・発行　一九七五年
「「満州」侵略」井上清著（『岩波講座　日本歴史20　近代7』岩波書店　一九七六年　所収）
『昭和日本史6　帝国陸海軍』小山内宏編集指導　暁教育図書　一九七七年
『徴兵忌避の研究』菊池邦作著　立風書房　一九七七年
『血涙の記録　嵐兵団歩兵第百二十聯隊史』上・下　嵐兵団歩兵第百二十聯隊史編纂委員会編　嵐一二〇友の会　一九七七年
『軍艦・長良　戦没者合同慰霊祭』山田藤治郎編　軍艦長良慰霊会　一九七七年
『十五年戦争史序説』黒羽清隆著　三省堂　一九七九年
『防人の詩』（レイテ編）京都新聞社編著　京都新聞社　一九八一年
『徴兵制』大江志乃夫著　岩波新書　一九八一年
『国家総動員史』上巻　石川準吉著　国家総動員史刊行会　一九八三年
「軍動員関係事項の概説」山崎正男執筆（『国家総動員史』上巻　所収）

『帝国陸海軍事典』大濱徹也・小沢郁郎編　同成社　一九八四年
『人はどのようにして兵となるのか』上・下　彦坂諦著　一九八四年
『インパール作戦従軍記』丸山静雄著　岩波新書　一九八四年
『国防婦人会』藤井忠俊著　岩波新書　一九八五年
『日中戦争』古屋哲夫著　岩波新書　一九八五年
「日中全面戦争初期における民衆動員の諸相」黒羽清隆著（『岡崎市史研究』第7号　岡崎市史編さん委員会　一九八五年）
『南京事件』秦郁彦著　中公新書　一九八六年
『新訂増補版　月白の道』丸山豊著　創言社　一九八七年
『草の根のファシズム』吉見義明著　東京大学出版会　一九八七年
『かっぽう着の銃後』創価学会婦人平和委員会編　第三文明社　一九八七年
『国家秘密法制の研究』斉藤豊治著　日本評論社　一九八七年
『滋賀県市町村沿革史』第四巻　滋賀県市町村沿革史編さん委員会編著　弘文堂書店　一九八八年
『支那事変大東亜戦争間　動員概史（十五年戦争極秘資料集9）』大江志乃夫編・解説　不二出版　一九八八年
『村と戦争　兵事係の証言』黒田俊雄編　桂書房　一九八八年
『富士正晴作品集一』富士正晴著　岩波書店　一九八八年
『昭和の歴史3　天皇の軍隊』大江志乃夫著　小学館文庫　一九八八年
『昭和の歴史4　十五年戦争の開幕』江口圭一著　小学館文庫　一九八八年
『昭和の歴史5　日中全面戦争』藤原彰著　小学館文庫　一九八八年
『昭和の歴史7　太平洋戦争』木坂順一郎著　小学館文庫　一九八九年

『南京への道』本多勝一著　朝日文庫　一九八九年
『久留米師団召集徴発雇用書類（十五年戦争極秘資料集24）』武富登巳男編・解説　不二出版　一九九〇年
『事典　昭和戦前期の日本　制度と実態』伊藤隆監修　百瀬孝著　吉川弘文館　一九九〇年
『日本陸海軍総合事典』秦郁彦編　東京大学出版会　一九九一年
『日本軍隊用語集』寺田近男著　立風書房　一九九二年
『銃後の風景　ある兵事主任の回想』長岡健一郎　ＳＴＥＰ　一九九二年
『日本の歴史20　アジア・太平洋戦争』森武麿著　集英社　一九九三年
『キメラ　満州国の肖像』山室信一著　中公新書　一九九三年
『広報びわ』（平成七年八月一五日号）びわ町　一九九五年
『徴兵制と近代日本』加藤陽子著　吉川弘文館　一九九六年
『図説　満州帝国』太平洋戦争研究会著　河出書房新社　一九九六年
『南京大虐殺を記録した皇軍兵士たち』小野賢二・藤原彰・本多勝一編　大月書店　一九九六年
『南京事件』笠原十九司著　岩波新書　一九九七年
『現代歴史学と戦争責任』吉田裕著　青木書店　一九九七年
『赤紙』小澤眞人＋ＮＨＫ取材班著　創元社　一九九七年
『日本陸海軍事典』原剛・安岡昭男編　新人物往来社　一九九七年
「旧和田村・旧高士村役場の兵事関係史料について」山本和重著（『上越市史研究』第二号　一九九七年）
『第一次上海事変における第九師団軍医部「陣中日誌」（十五年戦争極秘資料集補巻5）』野田勝久編　不二出版　一九九八年
『逆説の軍隊』戸部良一著　中央公論社　一九九八年
『昭和陸軍の研究』上下　保阪正康著　朝日新聞社　一九九九年

「町村兵事文書の焼却命令」山本和重著（『変換期の民衆文化』1996―1997年度　共同研究報告書
一九九八年）
『長浜市史４』長浜市史編纂委員会編　長浜市　二〇〇〇年
『上越市史　別編７　兵事資料』上越市史編さん委員会編　上越市　二〇〇〇年
『陸軍師団総覧』近現代史編纂会編　森山康平ほか著　新人物往来社　二〇〇〇年
『南京戦』松岡環編著　社会評論社　二〇〇二年
『日本の軍隊』吉田裕著　岩波新書　二〇〇二年
「自治体史編纂と軍事史研究」山本和重著（『季刊　戦争責任研究』二〇〇四年秋季号　日本の戦争責任資料
センター）
『近代日本の徴兵制と社会』一ノ瀬俊也著　吉川弘文館　二〇〇四年
『兵士であること』鹿野政直著　朝日新聞社　二〇〇五年
「東村山村（町）兵事関係書類について」山本和重著（『東村山史研究』第一五号　二〇〇六年）
『監視社会の未来』纐纈厚著　小学館　二〇〇七年
「兵事資料の形成と焼却」丑木幸男著（『歴史評論』二〇〇七年九月号　校倉書房）
『兵隊たちの陸軍史』伊藤桂一著　新潮文庫　二〇〇八年
『村にきた赤紙　今明かされる兵事係の記録』浅井歴史民俗資料館編・発行　二〇〇八年
「こうして村人は戦場へ行った」ＮＨＫハイビジョン　二〇〇八年八月一二日放送
『在郷軍人会』藤井忠俊著　岩波書店　二〇〇九年
「今だから伝えたい戦争の記憶――残された旧大郷村兵事関係資料から」西邑紘編著　私家版　二〇〇九年
「最後の赤紙配達人」ＴＢＳ系テレビ　二〇〇九年八月一〇日放送
「戦前期の村役場における兵事関係文書の記録管理――滋賀県東浅井郡大郷村役場兵事関係文書について」

橋本陽著（学習院大学人文科学研究科　アーカイブズ学専攻　博士前期課程論文）二〇一一年